首都职工素质教育工程专版教材——家政服务行业

北京市总工会
北京市教育委员会
北京市人力资源和社会保障局
中央广播电视大学
北京广播电视大学

一般家务——
宠物植物养护手册

首都职工素质教育工程领导小组办公室　组编
北京商贸学校　编写

Yiban Jiawu ——
Chongwu Zhiwu Yanghu Shouce

张香永　王雪伶　主　编
刘静明　丁　杰　副主编
编写人员（以姓氏汉语拼音为序）
丁　杰　黄　玮　廖治宇　刘静明
王雪伶　徐少阳　张香永

高等教育出版社·北京
HIGHER EDUCATION PRESS BEIJING

图书在版编目(CIP)数据

一般家务. 宠物植物养护手册 / 北京商贸学校编写
—北京: 高等教育出版社, 2010.11 (2013.4 重印)
首都职工素质教育工程专版教材. 家政服务行业
ISBN 978-7-04-030900-3

Ⅰ. ①一… Ⅱ. ①北… Ⅲ. ①家政学-技术培训-教材②观赏动物-饲养管理-技术培训-教材③观赏园艺-技术培训-教材 Ⅳ. ①TS976.7②S865.3③S68

中国版本图书馆 CIP 数据核字(2010)第 200623 号

总策划	龙 杰	肖彤岭	策划编辑	吴 勇	刘金菊
责任编辑	胡 纯	李黎阳 刘金菊	封面设计	赵 阳	
版式设计	宋新士		责任印制	韩 刚	

出版发行	高等教育出版社		咨询电话	400-810-0598
社　　址	北京市西城区德外大街 4 号		网　　址	http://www.hep.edu.cn
邮政编码	100120			http://www.hep.com.cn
印　　刷	涿州市星河印刷有限公司		网上订购	http://www.landraco.com
开　　本	787×960　1/16			http://www.landraco.com.cn
印　　张	7.75		版　　次	2010 年 11 月第 1 版
字　　数	122 000		印　　次	2013 年 4 月第 2 次印刷
购书热线	010-58581118		定　　价	12.00 元

本书如有缺页、倒页、脱页等质量问题，请到所购图书销售部门联系调换
版权所有　侵权必究
物料号　30900-00

首都职工素质教育工程专版教材
编 委 会

主　任　韩子荣（北京市总工会党组书记、副主席）
副主任　霍连明（北京市总工会副主席）
　　　　　孙善学（北京市教育委员会专职委员）
　　　　　任建新（北京市人力资源和社会保障局副巡视员）
　　　　　葛道凯（中央广播电视大学校长）
　　　　　胡晓松（北京广播电视大学校长）
　　　　　张　锦（首都职工素质教育工程领导小组办公室主任）
　　　　　龙　杰（高等教育出版社副总编辑）
编　委（以姓氏汉语拼音为序）
　　　　　范秉珍　葛道凯　韩子荣　胡晓松　霍连明
　　　　　梁秀梅　龙　杰　任建新　孙善学　王永浩
　　　　　吴　勇　肖彤岭　杨德成　杨　颉　张　锦
　　　　　张少刚　张有声

首都职工素质教育工程专版教材
编委会办公室

主　任　赵靖芝
副主任　刘金菊

首都职工素质教育工程专版教材——家政服务行业
编 委 会

丛书主编 唐永宏（北京市商务委服务交易处处长）
    黄　伟（北京市总工会权益部部长）
    李大经（北京家政服务协会会长）
    张先民（北京市三八服务中心主任）
    庞大春（北京家政服务协会副会长）

编　　委（以姓氏汉语拼音为序）

    丁　杰　　费秀珍　　韩　媛　　黄　伟
    姜彦松　　李大经　　李雪媛　　刘纪平
    刘静明　　Ludivina Silvestre　　庞大春
    石立军　　孙敏娜　　唐永宏　　王立新
    王雪伶　　王　燕　　许新元　　张先民
    张香永　　赵靖芝　　左　欣

序

由北京市总工会、北京市教育委员会、北京市人力资源和社会保障局、中央广播电视大学、北京广播电视大学等单位共同组织实施的首都职工素质教育工程，是时代的一种选择，是对职工迫切呼声的一个回应，是最终惠及职工的一项民心工程，是需要社会方方面面给予扶持的一个新生事物。首都职工素质教育工程系列专版教材的正式出版，不仅为全市职工提供了具有首都特色、行业特色、职业特色和岗位特色的培训课程，而且为加快工人阶级的知识化进程，努力建设一支强大的、高素质的职工队伍进行了有益的尝试。

我国是世界上人口最多、劳动力资源最丰富的国家，但是劳动力素质偏低，自主创新能力薄弱，核心技术严重缺乏，制约了我国经济发展和国际竞争力的提高。全面提高职工队伍的整体素质，为全面建设小康社会提供强有力的人才保证和智力支持，是中国共产党代表中国先进生产力发展要求必须履行的第一要务，是关系到国家富盛、民族兴衰的一项全局性、战略性任务，也是广大职工群众的根本利益所在。

我国工人阶级之所以是先进阶级，是因为他们始终站在时代前列，引领着先进生产力和生产关系的发展，善于顺应社会前进的潮流。当今世界，新知识、新事物、新变化层出不穷，广大职工群众要更好地担负起历史赋予的光荣使命，必须主动适应社会主义市场经济深入发展和科技进步日新月异的新形势，学习新知识，掌握新技能，增长新本领，谋求新发展，不断增强自身的学习能力、创新能力、竞争能力和创业能力。应当说，组织实施首都职工素质教育工程是保持和发展工人阶级先进性的重要内容和有效途径。

树立和落实科学发展观，建设民主法治、公平正义、诚信友爱、充满活力、安定有序、人与自然和谐相处的社会主义和谐社会，要以满足人的全面需求、促进人的全面发展为目标，在推动改革、促进发展中有效地维护职工的学习权、发展权以及精神文化权益。通过组织实施首都职工素质教育工程，让更多的职工认识到学习创造价值、知识改变命运的道理，让更多的职工树立继续教育、终身学习的全新理念，让更多的职工踏上充满奋斗和希望的学习之路。要引导职工努力掌握多种新知识、新技能，尽快把知识和技能转化为企业效益和社会生产力；动员职工站在知识经济前沿，不断提高运用新科学、新技术的能力，力求在科学研究和技术开发上实现新的突破；帮助职工逐步掌握现代化管理手段，由岗位熟练型职工向业务专家型职工转变，成为学习型、知识型、技能型、专家型职工，以逐步解决职工队伍的文化结构、知识层次、技术水平、管理能力不相适应的问题。

我相信，通过整合社会资源，各方通力配合，发挥整体优势，首都职工素质教育工程为全市职工提供的有组织、有计划、有目标、有考核、有激励措施的学习环境和交流平台，一定能够让所有职工都能有机会、有条件参与学习和继续深造，一定能够推动职工群众不断地在实践中充实自己、在竞争中提高自己、在奋斗中完善自己、在事业中实现自身的价值，一定能够进一步加快首都职工队伍的知识化进程！

2005 年 3 月 22 日

总前言

首都职工素质教育工程是北京市总工会、北京市教育委员会、北京市人力资源和社会保障局、中央广播电视大学和北京广播电视大学等单位，在终身学习背景下，将全面提高首都职工队伍素质作为长期战略任务而为全市职工搭建的公共服务共享平台。为向该平台提供有效、实用的教学内容和课程资源，首都职工素质教育工程领导小组办公室与高等教育出版社联合开展了"首都职工素质教育教学资源建设项目"。

中共中央总书记、国家主席、中央军委主席胡锦涛于2008年10月在人民大会堂同全国总工会新一届领导班子成员和中国工会"十五大"部分代表座谈时发表重要讲话，强调要全面提高职工队伍思想道德素质和科学文化素质，充分发挥"工会大学校"作用，坚持在全国广大职工中深入开展社会主义核心价值观体系建设，特别是要引导广大职工群众牢固树立中国特色社会主义共同理想和实现中华民族伟大复兴的坚定信念，着力培养造就一大批知识型、技术型、创新型的高素质职工，不断推进我国职工队伍知识化进程。

首都职工素质教育工程是深入落实科学发展观的一项重大举措，是加快推进首都职工知识化进程的务实、创新之举。"首都职工素质教育教学资源建设项目"将以全市职工为受教育主体，以全面提高职工思想道德素质、科学文化素质和技术技能水平为主要目标，以增容新知识、传授新理念、提升新技能为主要内容，以通用能力培训和行业知识培训为支点，确保在最大范围内满足各层次职工职业生涯发展和实现自我超越的需求。

"首都职工素质教育教学资源建设项目"的顺利开展，得到了高等教育出版社的大力支持。作为教育部直属的教育服务机构，参与该项目的建设，是高等教育出版社"植根教育、弘扬学术、繁荣文化、服务社会"办社宗旨的体现，也是高等教育出版社在落实和践行党培养先进生产力战略举措中发挥知识服务作用的体现。

为尽快将资源建设内容传递到首都职工手中，在"共同参与、共同研究、共同建设"的出版和培训理念的指导下，我们的工作得到了许多专家、业内人士和广大企业与职工的大力支持和有关方面的鼎力相助，在此表示衷心的感谢！

该系列资源建设内容是我们在职工素质教育探索工作中的初步成果。限于我们的能力和水平，不足之处在所难免。衷心期望社会各界，特别是广大学习者提出宝贵意见和建议。

首都职工素质教育工程领导小组办公室

2010 年 3 月 2 日

前 言

随着社会的进步、人民生活水平的提高，社会需要越来越多的家政服务人员。为加快推进家政服务体系建设，规范家政服务行为，提高家政服务质量，首都职工素质教育工程领导小组办公室联合高等教育出版社，系统开发了首都职工家政行业的培训教材。本书是系列教材中的一本。

现代城市人生活节奏快，工作、学习压力大，独生子女现象、老龄化、城市居住单元化等，使得社会交往减少。显然，饲养宠物或修剪植物有助于缓解人的紧张状态。人们忙碌一天后，有时只要见到一只动物或抚摸一下他们的宠物就足以减轻身心的疲惫，可使大脑摆脱所积累的压力。现在家庭大多只有一个孩子，独生子女孤独、没有玩伴已经是公认的问题。给独生子女找个宠物玩伴，既解决了孤独问题，又教会独生子女如何爱护、照顾他人。现在有越来越多的空巢老人，他们为了修身养性，经常在家里养上一些花花草草，来充实自己晚年的寂寞生活。作为一名家政服务人员，我们不仅要懂得基本的家务常识，会照顾老人和孩子，也要会照顾主人的"朋友"——他们的宠物或植物。

本书定位为入门课，可以作为家政服务人员的培训教材，也可以作为普通家庭饲养宠物或养护植物的参考书。本书第一至五章主要介绍了狗、猫、鱼、鸟和龟等常见家庭宠物的种类、饲养方法、疾病防治等内容，第六、第七章则主要介绍了室内花卉与庭院植物的种类、养护方法与病虫害防治的基本常识。

本书具体分工如下：王雪伶负责编写第一章、第四章，并对全书进行了统编；丁杰负责编写第二章、第五章；徐少阳负责编写第三章；黄玮负责编写第六章；廖志宇负责编写第七章。

由于时间仓促，作者水平有限，书中难免有不足和错误之处，诚望专家、读者批评指正。

编　者

2010年9月

目　录

第一章　家庭宠物犬的饲养 ………………………………………… 1
　第一节　家庭常见犬种类介绍 ……………………………………… 2
　　一、小型犬 …………………………………………………………… 2
　　二、大型犬 …………………………………………………………… 3
　第二节　怎样与犬沟通 ……………………………………………… 5
　　一、初次相识怎样沟通 ……………………………………………… 5
　　二、怎样了解狗狗 …………………………………………………… 5
　　三、怎样带犬运动 …………………………………………………… 6
　　四、犬的调教 ………………………………………………………… 7
　第三节　宠物犬的喂养 ……………………………………………… 9
　　一、犬的食具 ………………………………………………………… 9
　　二、犬粮的选择 ……………………………………………………… 10
　　三、给犬喂食注意事项 ……………………………………………… 11
　第四节　如何给犬洗澡 ……………………………………………… 13
　　一、梳理被毛 ………………………………………………………… 13
　　二、给犬洗澡 ………………………………………………………… 14
　第五节　家庭养犬注意事项 ………………………………………… 16
　　一、犬病防治 ………………………………………………………… 16
　　二、养犬文明守则 …………………………………………………… 17

第二章　家庭宠物猫的饲养 …………………………………………… 19

第一节　家庭常见猫种类介绍 ……………………………………… 20
　　一、国内猫的品种 ……………………………………………… 20
　　二、国外猫的主要品种 ………………………………………… 21

第二节　怎样与猫沟通 ……………………………………………… 25
　　一、了解猫咪的行为和语言 …………………………………… 25
　　二、安全抓猫和抱猫的方法 …………………………………… 27

第三节　如何给猫喂食 ……………………………………………… 29
　　一、猫的食具 …………………………………………………… 29
　　二、猫食选择 …………………………………………………… 29
　　三、给猫喂食的注意事项 ……………………………………… 30

第四节　家庭养猫注意事项 ………………………………………… 32
　　一、给猫进行体检 ……………………………………………… 32
　　二、给猫洗澡 …………………………………………………… 34
　　三、给猫梳理刷毛 ……………………………………………… 35
　　四、调教小猫 …………………………………………………… 37

第三章　家庭观赏鱼的饲养 …………………………………………… 38

第一节　家养观赏鱼的分类 ………………………………………… 39
　　一、温带淡水观赏鱼 …………………………………………… 39
　　二、热带淡水观赏鱼 …………………………………………… 40
　　三、热带海水观赏鱼 …………………………………………… 41

第二节　水族箱的正确使用 ………………………………………… 43
　　一、水族箱的构造 ……………………………………………… 43
　　二、水族箱的使用时应注意的事项 …………………………… 44

第三节　如何给鱼喂食、换水 ……………………………………… 46
　　一、观赏鱼饲料及喂养 ………………………………………… 46
　　二、观赏鱼换水 ………………………………………………… 48

第四节　家养观赏鱼常见病防治 …………………………………… 50

一、观赏鱼病种类概述 ………………………………………… 50
　　二、观赏鱼常见病及治疗方法 ………………………………… 50

第四章　家养观赏鸟类的饲养 …………………………………… 54
第一节　常见家养观赏鸟介绍 ………………………………… 55
　　一、百灵 …………………………………………………………… 55
　　二、画眉（金画眉） ……………………………………………… 56
　　三、八哥（别别鸟） ……………………………………………… 57
　　四、金丝雀 ………………………………………………………… 58
　　五、虎皮鹦鹉 ……………………………………………………… 58
第二节　家养观赏鸟的日常管理 ……………………………… 60
　　一、养鸟的工具 …………………………………………………… 60
　　二、如何给鸟喂食 ………………………………………………… 62
　　三、日常管理 ……………………………………………………… 63
第三节　家养观赏鸟常见病防治 ……………………………… 65
　　一、鸟类常见病 …………………………………………………… 65
　　二、鸟病常用药物 ………………………………………………… 66

第五章　其他宠物的饲养 …………………………………………… 68
第一节　龟 ………………………………………………………… 69
　　一、宠物龟的常见种类介绍 ……………………………………… 69
　　二、宠物龟的饲养 ………………………………………………… 72
第二节　鼠 ………………………………………………………… 74
　　一、常见宠物鼠的种类 …………………………………………… 74
　　二、宠物鼠的饲养 ………………………………………………… 76
第三节　兔 ………………………………………………………… 79
　　一、宠物兔的种类 ………………………………………………… 79
　　二、宠物兔的饲养 ………………………………………………… 81

第六章　家庭花卉养护 ·········· 84

第一节　家庭常见观叶花卉及养护 ·········· 85
一、巴西木 ·········· 85
二、富贵竹 ·········· 85
三、虎尾兰 ·········· 86
四、发财树 ·········· 86
五、散尾葵 ·········· 87
六、家庭观叶花卉的摆放常识 ·········· 87

第二节　家庭常见观花花卉及养护 ·········· 89
一、红掌（别名火鹤花） ·········· 89
二、菊花 ·········· 89
三、水仙 ·········· 90
四、杜鹃花 ·········· 91
五、君子兰 ·········· 91
六、家庭观花花卉的摆放常识 ·········· 92

第三节　家庭插花 ·········· 94
一、家庭插花的常用花材 ·········· 94
二、花材的选购知识 ·········· 96
三、花材的整修与造型 ·········· 96
四、花材的保养与保鲜技术 ·········· 97
五、插花的工具和盛器 ·········· 97
六、家庭插花的技巧 ·········· 97

第七章　庭院花木养护 ·········· 100

第一节　北京民间庭院种树的风俗 ·········· 101

第二节　北京民间常见的家庭观赏树木 ·········· 101
一、花椒树 ·········· 102
二、榆叶梅 ·········· 102

三、玉兰 …………………………………………………… 103
四、柿子树 ………………………………………………… 104
五、香椿 …………………………………………………… 104

第一章 家庭宠物犬的饲养

 本章内容概要

通过本章的学习，使家政服务员了解家庭宠物犬饲养的基本知识，以便能很好地掌握宠物犬的种类、怎样与犬沟通、怎样给犬喂食、怎样给犬洗澡以及犬的常见病的防治等知识。

 **本章学习要求**

内　容	应知程度	应会程度
家庭常见犬种类介绍	☆☆	
怎样与犬沟通		☆☆☆☆
宠物犬的喂养		☆☆☆☆☆
如何给犬洗澡		☆☆☆☆
家庭养犬注意事项	☆☆	

犬是人类最忠实的朋友，爱犬的人们希望它们能陪伴自己，与自己共同生活，一起分享生活中的喜怒哀乐。养犬的乐趣很多，能锻炼我们的耐心和责任心，而孩子们更是能够从养犬的过程中获得安全感与责任感，通过与宠物犬的相处，学会相互合作、分享精神、照顾和关怀他人。现在，中国逐渐步入老龄化社会，随着家庭结构的变化，老年人经常会感到孤独寂寞，如果有动物陪伴老人，将能弥补儿孙不在身边的遗憾。

第一节　家庭常见犬种类介绍

一般城市居民养犬，尤其在楼房居住的人养犬，由于活动空间有限，以及防止影响左邻右舍等因素，宜饲养小巧玲珑、性情温顺的安静型犬。下面就简单介绍几种最常见的宠物犬。

一、小型犬

1. 博美犬（别名松鼠犬）

博美犬如图 1-1 所示，头圆，前额略微凸出，嘴小而尖，小耳，杏眼，体形均匀，尾小，与松鼠极其相似，因而又称为松鼠犬。博美犬活泼调皮，聪明，非常容易融入家庭。

图 1-1　博美犬

2. 约克夏犬

约克夏犬如图 1-2 所示，头部长着华丽鲜艳的棕黄色长毛，头小、眼亮，四肢深褐色，被毛丰厚，长而直，呈绸缎状，从不弯曲，柔滑如丝，像少女的秀发。约克夏犬性格驯和、机灵、忠心、热情和活泼，感觉敏锐，喜欢撒娇。

图 1-2　约克夏犬

3. 西施犬

西施犬如图 1-3 所示，面部短而饱满，眼睛有神，两眼间距大，体小灵活，四肢短，尾巴上翘。西施犬明快敏捷、活泼好动。

图 1-3　西施犬

4. 吉娃娃犬

吉娃娃犬如图 1-4 所示，体型娇小、表情动人、动作敏捷，是全世界公认之最小型犬种，属于玩赏犬类，它的性格伶俐、警戒心强。

5. 北京犬（别名京巴）

北京犬如图 1-5 所示，四肢短小、胸部宽阔，走起路来很稳重，头部很大，耳间既宽且平坦，黑黑的大眼睛，扁鼻短嘴。

图 1-4 吉娃娃犬

图 1-5 北京犬

6. 贵妇犬

贵妇犬如图 1-6 所示，杏核形眼睛，口吻直长，耳朵根厚、下垂，方形身体，尾根保持向上。贵妇犬以其聪明灵秀、外观美丽、性情乖巧的特点而为优秀的伴侣犬。此外，它听觉敏锐，智商高，方位概念强，易于训练。

图 1-6 贵妇犬

二、大型犬

1. 松狮犬

松狮犬如图 1-7 所示，头部宽，平平的头顶，额短小；耳小且厚，直立，两耳间距宽；杏核小眼，通常为黑色；紫色的口。松狮犬肌肉发达，身体匀称，胸部厚实，背短且直，最典型的特征是具有蓝色或蓝紫色的舌头。

2. 藏獒

藏獒如图 1-8 所示，是一种高大、凶猛、垂耳、短毛的家犬；性格刚毅，力大凶猛，野性尚存，使人望而生畏。藏獒护领地，护食物，善攻击，对陌生人有强烈敌意，但对主人极为亲近。

图1-7 松狮犬

图1-8 藏獒

3. 沙皮犬

沙皮犬如图1-9所示，眼深色、小、杏形而深陷，目光忧郁。头部大而圆，但前额宽阔而平坦，嘴部与额部约等长，嘴部长度适中。沙皮犬机警、尊严、活跃而身体结实。

4. 苏格兰牧羊犬

苏格兰牧羊犬如图1-10所示，是一种身体结实、坚强、积极、活泼的犬，它机警、聪慧、勤劳。苏格兰牧羊犬给人的印象深刻，是自信的化身，代表正义与和谐。

图1-9 沙皮犬

图1-10 苏格兰牧羊犬

第二节　怎样与犬沟通

家政服务员到雇主家之前要先询问雇主家是否有犬，如果有犬则问好犬的品种、大小、生活习性，做到心里有数，以免与犬无法相处以至不能正常工作。

一、初次相识怎样沟通

与陌生犬打交道的时候最好在犬的面前蹲下来，让你的视线与犬平行，把手握成拳头，从下方慢慢伸给犬，在离犬半米的地方停住。这样，犬能够看到你的全部动作，不会认为你有攻击性。拳头上没有突出物，犬也不容易找到攻击的目标。通常，犬会过来闻闻你的拳头。你不妨去摸摸它的胸口和下巴，这些部位是犬喜欢被抚摸的地方。

不要去摸陌生犬的头部和背部，当它看不见你的动作时，它会非常担心。不要拍打犬的头部，这样会造成它的视野晃动，听觉不清，它可能认为这是你的攻击行为。

如果犬正在发出警告，千万不要转身逃跑，最好的办法是慢慢地、但是不停顿地后退，直到退出犬的势力范围。动作幅度越大，犬越会认为你有攻击性。

二、怎样了解狗狗

狗狗不会说话，我们该如何和它沟通呢？其实很简单，我们只要通过观察它的动作和姿态，就能够了解狗狗想要表达的感情和意愿。下面是狗狗几种常见的思想行为表达方式：

1. 高兴

狗狗在高兴时，会扭动身体不停地跳动，并且抬起尾巴快速摇摆；还会背着耳，眯着眼，兴奋地用身体在主人两腿之间来回摩擦，希望得到主人的爱抚；

它还会抬起前腿，站起来去亲舔主人的脸。

2. 玩耍

狗狗想要与主人或同伴玩耍时，会前腿放平，身体拱曲，尾巴高翘并不断摆动，兴奋时还会用这种姿势在原地蹦来蹦去，以吸引对方。

3. 害怕

狗狗在感到害怕时，尾巴会下垂或夹在两腿中间。如果它感到非常害怕的话，就会把尾巴完全卷到两腿中间，呆立不动，同时耳朵会扭向后方，身体缩成一团，甚至还会发抖。

4. 欢迎

当主人走进家门或有客人来访时，狗狗会欢快地摇着尾巴，迎上前去表示欢迎，有时还会亲舔主人或客人的手。

5. 郁闷

狗狗在寂寞无聊时会很郁闷，这个时候它的表现是：全身松弛，无精打采，懒洋洋地趴在一个地方，频繁地打着哈欠。

三、怎样带犬运动

犬是喜动不喜静的动物，适当的运动，对保持犬的健康很重要。除军犬、警犬和猎犬外，户养犬往往运动不足，可通过主人牵遛来弥补，尤其住楼房的人养犬，运动场地受到了很大的限制，只有定时牵遛犬，犬才会得到充分的运动。通过运动可促进犬的新陈代谢，增强食欲，增加肺活量和肌肉收缩能力，使犬体魄健壮，增强持久力和敏捷性，从而达到锻炼强身的目的。牵遛犬还可以犬与主人之间的感情。老年人或病人牵遛犬可以解闷、丰富锻炼内容，增加运动量。牵遛犬最好在早、晚进行。早晨空气新鲜、凉爽，可以结合晨练一块进行；晚上环境安静，干扰少，牵遛犬可结合一些训练项目进行。早、晚外出运动一般以半小时为宜，但也要结合犬的品种、年龄和健康状况而定。幼犬和病犬应时间短些，玩赏犬也不宜时间太长，也要结合天气和气候而定，阴雨、刮大风时不宜外出，炎热的夏天可减少活动时间，冬天可增加运动量。

6月龄以前的幼犬和小型玩赏犬要以自由活动为主，可带其到人少宽广的场地，或者到公园里自由活动，主人可以主动与犬玩耍；1岁以上成年犬，在运动中应有节奏性，以短时间的急速运动为主，以达到心肺和肌肉的锻练目的。夏天牵犬散步时，如有条件最好能带犬到河塘游泳锻炼，游泳可使犬全身运动，使犬的身体匀称，同时游泳也起到了洗澡的作用。

在牵犬外出时，要训练和巩固犬在行进中不乱跑，保持与主人同步行走，也不允许犬吃路上被人丢弃的食物和随地大小便，可按犬平时大小便的时间和规律，及时带犬到垃圾堆放处便溺。还应训练犬不追咬畜、禽和人，在城市居民住宅区，不允许犬乱叫。

如果带玩赏犬到繁华的地方去，或带到较远或陌生的地方时，为防止犬发生意外或走失，也应给犬带上项圈和拉绳。

四、犬的调教

在调教犬时，应尽量减少其他人员与犬接触，同时调教人员应态度和蔼、语言亲切。要使犬顺从，人与犬的相互依赖关系非常重要。主人轻轻抚摩犬的身体，会使犬得到安慰。调教时，还应注意口令必须果断清晰，决不能使用暴力，例如用鞭、棒抽打。犬特别喜欢表扬，可以根据这一点，在它的训练科目完成后，抚摩它的头或喉。

1. 基础训练，犬能与人亲近

第一阶段为1~5天。首先给犬戴上皮制的项圈，项圈要求能伸缩，套在颈项上的松紧程度以能较顺利地插入并拢的4个手指为宜。然后在颈圈上系一根1.5~2米的链条。每次给犬喂食时，分几次喂，每次喂六成饱。犬名必须固定，不能随意变动。在每喂一点食物时，就要呼其名字，如"小花"、"小黑"、"小黄"等；或者在喂食前吹口哨，再呼其名。但要注意，一定要让其有反应后再喂食，没有反应就不要给食物吃，也可以给它看，再呼其名，等有吃食反应时再喂。这样，经过3~5天的调教，犬就能在听到主人呼它的名字时，立刻有向主人要食物吃的反应。喂食要按时，应使用同一个食盆，但喂食地点可以更换。喂食后必须用手抚摩犬的头部或全身，并再轻轻地呼叫几次名字，通过上述几天的调教，达到的目标是犬能与人亲近，初步知道自己的名字，初步习惯项圈和因链条所限制的活动范围。

2. 学会服从

第二阶段为 6~14 天。在第一阶段调教的基础上，进一步使用犬爱吃的食物，如饼干或肉干来训练，方法同前。在这阶段，可用链条牵着犬，让其与人一起行走，熟悉周围事物及环境，减少恐惧心理。在牵行时犬如有挣扎，那就停止。这时可用手抚摸其头部和背部，唤其名字，给其少量食物诱行，让其跟随前进，切不可强制拉行。这种训练应在每天喂食物前进行，时间先每次 2~3 分钟，以后慢慢地增加，最长不要超过 15 分钟。每次牵行训练完毕，就把犬带回到犬舍喂食。饲喂时犬若围着人转，乞求食物时，调教人员就必须发出果断口令"坐"。当犬在有意或无意中坐下时，必须立即给其喂食物。每次喂食需重复口令 3~4 次，以培养其服从性。为培养犬的亲善时，可将其两腿托起或把头抬起与自己面部接触摩擦，使之逐渐习惯。通过第二阶段的调教，可进一步让犬知道自己的名字，并初步建立与人的亲密关系，初步学会服从口令。

3. 完全听从主人命令

第三阶段为 15~22 天。在前一阶段调教的基础上，可把犬抱起和掰嘴玩耍。在命令"坐"的基础上可强迫其卧倒。当不听话时可轻度加以训斥，服从命令后可给少量食物奖励，并称赞口令说"好"，同时不断抚摸其头部和全身，让其得到温暖感和亲切感。通过第三阶段的训练，基本上能达到打开链条的犬，在场内听到其名字后就能来到主人身边，并顺从于主人把它抱起、牵行、掰嘴喂药等，还懂得训斥和嘉奖的口令。

第三节　宠物犬的喂养

　　为了维护犬的正常生活与生长发育，根据犬的不同品种、不同年龄和不同生理状态的营养需要，将采购来的各种饲料按一定的比例混合在一起，制成营养比较全面的犬粮。

一、犬的食具

　　犬对周围环境的变化，甚至对饲养人员的突然更换都很敏感。如果突然改变吃食的地点或有陌生人出现，都会影响到犬的食欲或会停止进食。所以，饲养犬所用的用具应相对地保持不变，包括用具的形状、颜色、质地和使用地点等。

　　饲养犬所必须的用具，包括食盘和饮水盆等。食盘的大小和深浅应根据所养犬的品种、体形和身体大小来选择。一些吻长、体型较大的成年犬应选用大一点和深一点的食盘，使食盘所盛的食物可供犬吃一餐的量。食盘壁应较高，不致使稀食飞溅抛撒在食盘外面。由于犬有舐食食盘的习惯，最好选用表面光滑的陶瓷面盆，这种盆较重，在犬舐食时不易移位或翻倒，也便于刷洗和消毒。一些垂耳犬、小型玩赏犬和大体型犬的幼犬则宜选用较浅较小的食盘为好，但不宜使用盘底面积较小的碗之类容易倒伏的容器，最好用搪瓷方盘或塑料盘等，这种食盘既利于它们自由采食和舐食，又可避免犬在吃食时将稀食玷污在耳朵上。一些耳朵特别长的犬则宜选用底座较高并面积大、口径较小、盘壁向下向外倾斜的食盘。这种盘可让它在自由吃食时不玷污或磨损耳朵。

　　饮水盆内所盛清水不会污染犬耳和环境，只要容器内壁光滑、不易倒伏和能盛足够犬一天饮水量的各种容器都可使用，如玻璃罐头瓶、塑料盆、金属盆和面盆等。幼犬喜欢叼着东西玩耍，所以用玻璃罐头瓶（较低的）作饮水容器较好，它用牙咬不住，用嘴又叼不动，而且盛水量足够它一天饮用。

食盆和饮水盆每次用后应及时清洗，定期用0.1%高锰酸钾溶液或1%热碱水消毒，天热或犬有病时，应增加消毒次数。

二、犬粮的选择

现在犬粮的品牌非常多，市场上可以买到不同品种和不同年龄所需要的各种类型的商品饲料，我国各大城市都有进口犬用商品饲料出售。这种饲料是经过科学合理的方法配制而成的，口味好，营养全面，容易消化吸收，使用和携带十分方便。表1-1中列举部分品牌的犬粮及参考价格，供大家参考。

表1-1 常见狗粮品牌及参考价格

品牌	产地国	市场价格	淘宝价格	人气值	备注
1. 皇家狗粮	法国	15元/500克	6.5元/500克	★★★★★	老品牌、品种全
2. 希尔斯狗粮	美国	20元/500克	16.5元/500克	★★★★★	处方粮、保健粮
3. 爱慕斯狗粮	美国	15元/500克	12元/500克	★★★★	有洁牙微晶颗粒
4. 普卡狗粮	美国	16元/500克		★★★★	
5. 麦顿狗粮	澳大利亚	10元/500克		★★★★	
6. 冠能狗粮	美国	16元/500克	11.7元/500克	★★★★	工作犬、赛季犬
7. 贵族狗粮	澳大利亚	10元/500克	8元/500克	★★★	抗皮肤病
8. 比瑞吉狗粮	中国	8.5元/500克	6.5元/500克	★★★	
9. 诺瑞狗粮	中国	6元/500克	5元/500克	★★★	
10. 宝路狗粮	中国	5.5元/500克	5元/500克	★★	价格便宜，购买方便
11. 康多乐狗粮	中国	10元/500克	7元/500克	★★★	

狗粮一般分为3种类型，即干性饲料、半湿性饲料和罐装饲料。

1. 干性饲料

含水分少，通常为饲料总量的10%~20%，有颗粒状、饼状、粗粉状或者为膨化饲料，如图1-11所示。由于这种饲料含水量极少，不易滋生细菌和霉菌，可以长时间地保存而不需冷藏也不会变质，在饲喂时要供给充足的饮水。

2. 半湿性饲料

含水量在25%~30%，一般制成小馅饼状，密封口袋包装，本身含有防腐剂，不必冷藏也可保存一定的时间。

3. 罐装饲料

含水量为74%~78%，制成各种犬的罐头食品，营养成分齐全，口味好，也便于携带和使用，是最受养犬者欢迎的犬用商品饲料，如图1-12所示。

图1-11 干性饲料

牛肉

牛肉 + 蔬菜

图1-12 罐装饲料

三、给犬喂食注意事项

注意不要长期饲喂单一饲料，可根据市场变化选择不同饲料，经常更换日粮的搭配以促进犬的食欲。在饲喂时要做到"三不喂"，即隔夜食不喂，太热和太冷食不喂。最合适的饲料温度为40℃左右，但在炎热的夏天可喂冷食，冬季则应稍热一些。当饲料温度超过50℃时，犬就不吃了。还应做到"三定"，即饲喂要定时、定量和定地点。同时喂养多只犬时应每只犬有一固定食具。每餐喂食时不要一次添足定量，应少喂勤添，可以增加犬的食欲和让犬吃干净。配制饲料时切记不要喂冷冻肉类饲料和霉败变质的饲料。在剧烈运动后不应立即喂食，食后也不应立即运动。

1. 幼犬饲养的注意事项

犬的个体性状和特性的形成，除了遗传因素外，还受环境条件的影响。幼犬是可塑性最强的时期，幼犬饲养的好坏直接关系到犬的一生。出生后 45 天至 8 月龄的犬称为幼犬。幼犬生长发育的不同时期，其身体各部的生长情况也是不均衡的。3 月龄以前的幼犬，主要增长躯体和增加体重；从第 4 月龄开始到 6 月龄，则主要增长体长；7 月龄后主要增长体高。从幼犬脱离母犬进入独立生活以后，在整个生长发育时期，都需要供给充足而丰富的各种营养物质。

2~3 月龄的幼犬，每日喂食 4~5 次。每只幼犬的日粮标准是：瘦肉 200 克，奶 300 克，蛋 1 个，大米 200 克，蔬菜 200 克，食盐 2.5 克，并补给适当的维生素 D 和钙及鱼肝油。

4~8 月龄的幼犬，食量逐渐增大，日粮也应相应增加，喂食次数每日 3~4 次。日粮标准是：瘦肉 250~350 克，奶 300~500 克，蛋 1 个，大米 250~500 克，蔬菜 250~300 克，食盐 3~5 克，并适当添加鱼肝油、骨粉和微量元素，还可喂些动物的软骨，但别喂鸡骨和生鱼骨。

8 月龄后幼犬已变成大犬，喂养就与成年犬相同。（注：以上日粮标准是参照大型犬的幼犬的日粮标准。）

2. 分娩后母犬的饲养

当母犬正常分娩后，应及时用温肥皂水把其外阴部、尾部、乳房等部位的污物洗净，并用毛巾擦干。要彻底清除产房内的一切污染物。在这个时候要保持周围环境的安静，不允许陌生人走近，以免刺激母犬。母犬分娩后的 2~3 天内，饲料量应适当减少，4 天后逐渐增加，1 周左右可恢复正常。随着幼犬的生长发育，为使母犬有充足的乳汁，应逐步增加母犬的饲料量和饲喂次数，一般每天喂 3~4 次，饮水必须充分供应。在饲料的营养成分上，除要适当增加精饲料蛋白质和新鲜蔬菜外，还应适当增喂肉汤或牛奶，也可饲喂毛蛋和其他动物的奶。

第四节　如何给犬洗澡

经常为犬梳理被毛、洗澡和进行适当的修饰，不仅有利于犬的健康和环境卫生，而且会使犬显得精神和美观。

一、梳理被毛

犬在春、秋两季各换1次毛，在室内饲养的犬，则因室温度变化小，一年四季都在不断地脱毛和长毛，这些脱落的毛不仅影响犬的美观，而且掉下来后粘在沙发、床、家具上会污染环境。给犬梳理被毛，及时将脱落的毛除去，既可将毛上的污垢、灰尘和寄生虫一同清除，又可在梳理被毛时促进皮肤的血液循环，能除疲劳，增进食欲，还能避免犬在吃食时将脱落的被毛吃进消化管内，这些不能消化的被毛有时在胃肠内结成毛球，甚至在毛球上还逐渐沉积盐类物质使其变硬，成为胃肠"结石"。梳理被毛对增进犬与主人的感情也大有帮助。玩赏犬和长毛犬应坚持每天至少梳理1次毛，一般犬每周梳理1次。

梳理的方法是按着被毛排列和生长方向，由头至尾，从上到下进行梳理。即先从颈部到肩部，然后依次是背、胸、腰、腹、后躯，再梳头部，最后是四肢和尾部。要顺毛梳和逆毛梳结合进行，以顺毛梳为主。用木竹梳或金属梳子梳完后，再用棕毛刷子顺毛将全身刷一遍，以除去残留的被毛和灰尘，使被毛表面变得光亮、蓬松和美观。

被毛缠结后，切记不要用力梳毛，以免引起疼痛和揪下未脱落的被毛，可先用手将毛慢慢地理开，再用梳子轻轻地梳理。如果已经发生黏结，用手难以理开时，则应用剪刀顺着毛干的方向将黏结的毛剪开，然后再理顺，若仍然不奏效，就应将黏结部分剪掉，新毛又会很快长出来，不用担心。

二、给犬洗澡

犬的臭味是由于犬皮脂腺分泌物中的一种特殊物质所致。洗澡是除去犬臭味的唯一办法，如图1-13所示。另外，黏附在被毛上的污物和灰尘单靠梳理是不行的，唯有通过洗澡才能彻底洗净。夏季应经常洗澡，春秋两季可选择天气晴朗时洗澡，冬季根据室内的温度决定洗澡的次数，要注意室内温度并尽量利用中午用温水洗澡。

给犬洗澡的次数，在夏季一般每周洗澡1次，冬季应减少次数，洗澡次数太多时，容易使毛脱脂太多，被毛变得脆弱和失去光泽，尤其用碱性肥皂和洗衣粉洗澡更易脱脂。可用软肥皂或市场专用犬洗涤剂，如图1-14所示。洗澡时注意不要把肥皂水等弄到犬的眼睛或耳朵里，为防止在洗澡时将水溅到立耳犬眼睛或耳朵里，可在洗澡前用一块干净棉花将耳塞住，洗完澡后取出，但别塞得太深，以防损伤耳道，眼内可涂些眼药软膏起防水作用。

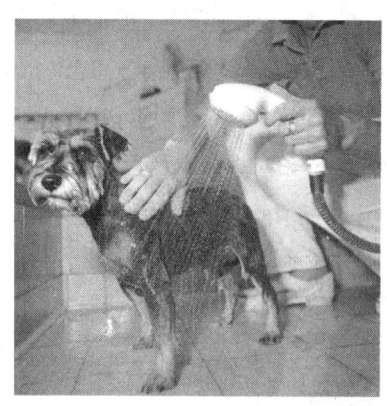 

图1-13　给犬洗澡　　　　　　图1-14　专用犬洗涤剂

犬从6月龄开始洗澡，太小的犬不宜洗澡。生病、发情或产后的母犬，也不宜洗澡。洗澡前先把全身被毛梳理整齐，以免在洗澡时缠结一起。除夏季天热外，一般犬洗澡应用温水和犬专用浴液，比较常见的品牌有家朵、酷迪、发育宝、克里斯丁等。可二人配合进行洗澡，即一人固定犬，另一人洗；也可一人洗，即用一只手抓住犬的耳朵和头皮使之固定，一只手进行洗澡。洗澡除了在洗澡盆内洗外，也可在卫生间内或浴池内让犬站立，用手取水或淋浴，也可用梳子进行刷洗。洗后应立即用毛巾吸干身上的水，必要时用电吹风机将毛及时吹干，最后用棕刷将被毛梳理一遍。

第五节 家庭养犬注意事项

养犬可以给人带来一种情感的寄托，排遣人的空闲和寂寞，养犬也使得空巢老人这类人群找到一种填补失落、空虚的方式。但与此同时，一些人的过量养犬、违章养犬也带来了一系列的市容环境卫生、邻里纠纷、治安等问题……比如任由犬随地拉屎撒尿污染环境，比如晚间犬吠声扰民，比如遛犬不系犬链，甚至养一些超出相关规定的大型犬、烈性犬等。此外，违章养犬带来的另外一个重大隐患就是容易导致狂犬病的发生。下面就列举一下常见的犬病，希望养犬的主人能掌握自己狗狗的身体状况，及早采取措施。

一、犬病防治

1. 狂犬病

狂犬病俗称疯狗病，也叫做恐水病，是由狂犬病病毒引起的一种急性接触性传染病。人和各种动物都可感染。狂犬病病犬主要表现为狂躁不安和意识紊乱，攻击人、畜，最后发生麻痹而死亡。犬及别的动物发生狂犬病后，排出的狂犬病病毒会污染环境，通过接触或经呼吸道等途径都可进行传染。病毒的抵抗力较低，对各种消毒药都比较敏感。

防治措施是对所有的犬定期进行预防注射狂犬病疫苗，目前我国有两种疫苗，即狂犬病疫苗和狂犬病弱毒细胞冻干苗。凡饲养犬者都应该每年定期为犬预防注射，并由动物防疫监督机构发给动物健康免疫证。

2. 犬瘟热

犬瘟热是犬最严重的病毒性传染病，有高度的接触传染性，主要危害6月龄以内的幼犬。

病犬的各种分泌物、排泄物、血液、脑脊液和淋巴结、肝、脾、脊髓等脏器内都含有大量的病毒，通过接触病犬或与被病毒污染的食物、物品和空气等接触，经呼吸道和消化管感染。

3. 犬细小病毒病

犬细小病毒病是犬的一种急性传染病，临床上以出血性肠炎或非化脓性心肌炎为其主要特征，多发生于幼犬，死亡率为10%~15%，4周龄以内的仔犬死亡率最高，所以养犬场多在28日龄时，对仔犬注射犬细小病毒疫苗或五联苗。

4. 病毒性肝炎（传染性肝炎）

本症是一种急性、败血性传染病，主要侵害1岁以内的幼犬，常可引起急性坏死性肝炎，在临床上常与犬瘟热混合感染，使病情更加严重和复杂化。此病是一种常见的犬病。发现病犬应尽早隔离，被污染的环境和用具彻底消毒，病犬可注射高免疫血清或健康成年犬的血清进行治疗。

5. 钩端螺旋体病

钩端螺旋体病是一种人畜共患的传染病，也称细螺旋体病。

6. 破伤风

破伤风又称强直症、锁口风，是一种人畜共患的传染病。由于破伤风梭菌产生芽胞后抵抗力很强，所以被污染的地区常成为固定的疫源地。

7. 外寄生虫病（疥螨和蠕形螨感染）

犬的疥螨病，俗称"癞皮狗"病，是由节肢动物疥螨寄生于皮肤，伴有皮肤剧痒、脱毛和湿疹性皮炎的慢性皮肤病。

8. 犬绦虫病

犬的绦虫种类很多，多寄生于犬的小肠内，其幼虫大多寄生于人和其他家畜的体内。

9. 犬蛔虫病

犬的蛔虫病是由犬蛔虫和狮蛔虫寄生于犬的小肠内或胃内引起的疾病。主要危害1~3月龄的幼犬，感染蛔虫病的幼犬常生长发育受阻，严重时可导致死亡。

二、养犬文明守则

犬有许多疾病是人畜共患病，犬在生活和活动时又常常成为各种病菌的携带者和传播者，尤其未经训练的犬，到处大小便，会污染环境，造成蚊蝇等昆虫和病菌孳生，影响到公共卫生；缺乏训练的犬乱叫和乱咬会招惹四邻不安，影响别人的正常生活和休息。人与犬及其他动物共患的疾病最为严重的是狂犬病，其次是疥癣，容易传染给儿童，弓形虫病对孕妇有危害，钩虫病能引起人的皮肤病，包虫病对人的危害更大，还有结核、炭疽和破伤风等传染病。

养犬者必须要遵守国家已颁布的有关养犬的法令，树立环境意识，时刻想到他人的利益与健康，要搞好犬舍和环境卫生，合理地饲养管理，定期进行犬的预防注射和驱虫工作，经常进行犬的身体检查，一旦发现病犬应及时隔离和治疗，针对不同的人、犬共患病采取及时有效的防制措施，确保人、犬的安全。

思考题

1. 第一次与犬相处应注意哪些问题？犬发出警告时应注意哪些问题？
2. 遛犬应注意哪些问题？遛犬对犬有哪些好处？
3. 给犬喂食应注意哪些问题？幼犬饲养应注意哪些问题？
4. 怎样给犬洗澡？

第二章 家庭宠物猫的饲养

本章内容概要

随着人们生活水平的不断提高和人口年龄结构的变化，人们将不断地要求增加精神生活的内容，而猫作为家庭伴侣动物极好地承担了这一任务，给人们增加了生活情趣。一名合格的家政服务员要学会识别家庭常见宠物猫的种类，恰当运用与猫沟通的技巧，掌握给猫喂食的正确方法以及家庭养猫过程中的注意事项等内容，本章也将围绕以上内容进行介绍。

本章学习要求

内　容	应知程度	应会程度
家庭常见猫种类介绍	☆☆☆	
怎样与猫沟通		☆☆☆☆☆
宠物猫的喂养		☆☆☆☆
家庭养猫注意事项	☆☆☆	

第一节 家庭常见猫种类介绍

从饲养角度上可将猫分为家猫和野猫,家猫不像其他家畜那样过分地依赖于人类,仍然保留着独立生存的本能,一旦脱离人的饲养会很快野化。从品种培育角度,可将猫分为纯种猫和杂种猫,纯种猫是经人们培育使其遗传特性比较稳定的猫,也就是仔猫和其父母的各种特性都非常相近,很少有突变的猫。杂种猫在一定的地理环境下,经一段时间自由选择后,也会形成具有固定特性的品种。根据毛的长短,又可将猫分为短毛猫和长毛猫,后者常受人们的欢迎。在我国常以猫的毛色花纹取名,如白猫、黑猫、狸花猫等。

一、国内猫的品种

我国各地饲养的猫多为短毛猫,无特定的品种,任其自然繁殖。在城市的一些养猫爱好者,开始饲养少量的波斯猫等外国猫,但多为不同程度的杂交种。

1. 云猫

云猫因被毛花纹像天上的云彩而得名,如图 2-1 所示。它喜食椰子树和棕榈树汁,故又称椰子猫或棕榈猫。云猫的毛色呈棕黄或黑灰色,头部为黑色,眼睛的下方及侧面有白斑,身体两侧为黑色花斑,背部有数条黑色纵纹,四肢及尾为黑褐色,外观很美,是一种珍贵的观赏猫。云猫繁殖期不固定,一年 2 窝,每窝产 2~4 只仔。主要分布在我国南方。

图 2-1 云猫

2. 山东狮子猫

山东狮子猫毛色为白色或黄色,也有黑白相间的,尾粗体健,特别耐寒,善捕鼠，每年产仔1窝，每窝2~3只仔。

该猫颈部毛长，形如狮子，如图2-2所示。主要产于山东省。

3. 狸花猫

狸花猫除颈、腹下的毛色为灰白色外，其他各部位为黑、灰相间的条纹，毛短而光亮滑润。是一种适应性很强的猫，善捕鼠，但与主人关系不太密切，喜欢游走。我国各地都有分布，但以陕西、河南等地多见，如图2-3所示。

图2-2 山东狮子猫

4. 四川简州猫

四川简州猫体形高大强壮，动作灵敏迅速，是狩猎能手，又是农村用于捕鼠的猫种，如图2-4所示。

图2-3 狸花猫

图2-4 四川简州猫

二、国外猫的主要品种

国外养猫主要用途是观赏和作为伴侣，因而对猫培育的方向，也以增加花色品种和外部特征为主，使猫的毛色花纹、毛长度和体形变化很大。

1. 波斯猫

波斯猫为长毛猫，是以阿富汗的土种长毛猫和土耳其的安哥拉长毛猫为基础，在英国经过长时期的选种而培育成的一个品种。这种猫在国内外都很受欢迎，尤其纯种猫的售价昂贵，国外每只可达上千美元。波斯猫较原始的毛色是白、蓝、黑，人们在此基础上又培育出了具有绿、红、金黄、棕、巧克力等多种毛色的波斯猫。该猫有一副讨人喜欢的面庞：头大面宽，鼻扁小，耳小而圆，颈短；体型较大，四肢及尾较短，毛长而蓬松柔软；眼睛颜色有绿色、蓝色和金黄色等，有的左右眼颜色各异。波斯猫温文尔雅，反应灵敏，与人友爱，是一种具有魅力的猫，如图 2-5 所示。波斯猫每窝产仔 2~3 只，仔猫刚生出时毛短，5 周后，长毛才开始长出，经两次换毛后才变成长毛。

2. 安哥拉猫

安哥拉猫是古老品种之一，产于土耳其。16 世纪传入欧洲，是当时最受欢迎的长毛猫品种，如图 2-6 所示。该猫身材修长，背部起伏较大，四肢细长，头长而尖，耳大。全身被有细丝般的长毛，有红褐、黑和白色毛种，但以白色为正宗毛色。夏季换毛时，除尾巴外，全身长毛几乎全脱尽，但很快会再长出。安哥拉猫与别的猫不同，它喜欢游泳。每窝产 4 只仔。

图 2-5 波斯猫

图 2-6 安哥拉猫

3. 泰国猫

泰国猫又称暹罗猫，是国外最受欢迎的短毛猫品种，如图 2-7 所示。英国 1920 年成立了泰国猫俱乐部，在培育方面的工作突出，因而使泰国猫花色多种多样。泰国猫身体修长高大，肌肉结实，脸型尖而呈"V"字形，颈部细长，双目呈杏仁状，眼睛为深蓝或浅绿色，耳大直立，鼻梁高直，四肢高而细，尾巴尖细，末端常卷曲。被毛短细紧贴皮肤，看起来非常光滑。毛色呈白、巧克力、浅蓝、红色等，有的猫在耳面部、四肢和尾部有深色斑点。泰国猫性情刚烈好动，能学会许多动作，可参加杂技表演。该猫发育快，母猫 5 月龄即可发情，小猫生后 2~3 天就能睁眼，3 周幼仔即可外出玩耍。泰国猫叫声大，常惹人讨厌。

图 2-7 泰国猫

4. 喜马拉雅猫

喜马拉雅猫为长毛猫品种，在欧洲称为色点长毛猫，如图2-8所示。它具有泰国猫的眼睛、毛色和机敏特点，又有波斯猫的长毛和天真的性格。经过人为的选育，结合了二者的优点而培育出了这一珍品。该品种从20世纪30年代开始培育，到50年代得到公认，英国和美国几乎同时育成。但美国称之为喜马拉雅猫，而英国称之为色点长毛猫。该猫有独特的表情和动作，有着旺盛的食欲和健壮的体格，容易饲养，爱撒娇，很讨人喜爱。该猫基本毛色为白色，在耳、面、尾、四肢有深色斑点，斑点的颜色有海豹色、蓝色、巧克力色、红色和浅紫色。母猫发情较早，但为了保证体质，一般要1岁以后才让其繁殖，公猫要18个月龄才

图2-8　喜马拉雅猫

可作种用。每窝产2~3只仔，小猫刚出生时全身被有白色短毛，几天以后，开始出现色点，首先是耳朵，然后是鼻子、四肢和尾巴。

5. 阿比西尼亚猫

阿比西尼亚猫为短毛猫品种。该猫祖先为埃塞俄比亚猫，后在美国混有其他猫的血统，而培育成现在的阿比西尼亚猫，如图2-9所示。该猫身材修长，四肢高而细，尾长而尖，头略尖，耳大直立，内耳长毛，善爬树，喜独居，对人有感情，是较理想的伴侣动物。该猫毛色为红、黄相间，深浅不一，再加以折光的作用而形成斑纹，在活动中，其颜色可发生微妙的变化，眼睛为金黄色、绿色或浅褐色。

图2-9　阿比西尼亚猫

6. 日本猫

日本猫为短毛猫。第二次世界大战时该猫进入欧美，在那里经过培育和改良，现已跻身于世界著名观赏猫的行列之中，引起养猫爱好者的广泛关注，如

图 2-10 所示。该猫中等体型，骨骼粗壮，体躯匀称，动作敏捷。公猫稳重、大方，母猫动作优美、生性聪明，并有着快活的表情。头部额宽，颊部呈半圆形，鼻稍宽而鼻梁平直，圆眼，外眼角稍向上挑，有点"吊眼梢"。被毛柔软流畅，毛色漂亮，白色为其基本色型，其上缀有黑色或红色斑点，也有似老虎皮斑纹状排列的深色毛，尾巴很短，尾尖活动灵活。日本猫性情温顺，活泼好动，叫声也很好听。

图 2-10 日本猫

7. 美国短毛猫

美国短毛猫是由英国引入美国后培育出的一个品种，1971 年，被选为美国最好的猫种之一，如图 2-11 所示。该猫具有多种毛色，如白色、蓝色、烟色、银灰色、红色、银白色和棕色等。体型中等，肌肉强壮发达，毛短而硬，头呈长方形，耳大腿长，性情温和，捕鼠能力强，易于饲养管理。

图 2-11 美国短毛猫

8. 埃及猫

埃及猫的祖先曾出现在古埃及的壁画上，可见埃及猫的饲养历史悠久，如图 2-12 所示。埃及猫的体型与阿比西尼亚猫相近，头圆略尖，毛中等长度，眼睛呈浅绿色。被毛上的色斑很有特点，在额面部呈深色条纹，似英文字母"M"形，颈皱呈细线状，肩部条纹变宽，肩部至尾部条纹呈斑点状。毛色主要有 3 种：(1) 银白色的被毛底色带有黑色斑点。(2) 银白色的被毛底色带有巧克力色斑点；(3) 灰色的被毛底色带有黑色的斑点。埃及猫胆小、怕生人，叫声轻细动人，是一种珍贵的观赏猫。

图 2-12 埃及猫

第二节　怎样与猫沟通

一、了解猫咪的行为和语言

1. 猫的示好行为

（1）猫就地打滚、舒展四肢、张开嘴巴、舞动爪子，并轻轻摇摆尾梢——猫在你面前做出此种姿态时是在说："我信任你！"对于陌生人，猫很少冒险做此姿态，因为仰面袒腹会使它极易受到伤害。

（2）猫辨认气味的能力很强，和你相见时它会先侧身擦擦你，然后坐下来品尝你的味道——办法是用舌头舔舔它刚才在你身上挨擦过的毛。

（3）猫摇尾巴大多时间是在表达感情——矛盾、左右为难。如果猫叫着要出去，而开门后却发现大雨滂沱，那么它就会开始摇摆尾巴。如果它不顾雨淋，冲出去站立一会儿弄得浑身湿透，它的尾巴便会摇得更凶。一旦它拿定主意——跑回屋内或勇敢地出发巡游，它的尾巴便立即停止摇摆了。

猫在表示好感方面不如狗狗直白，以至于我们经常认为猫是不友善和冷漠的。其实猫是会表露好感的，对人、对其他猫，甚至替它接生或照顾小猫的人也如此。

猫咪是怎样对你表示好感呢？有以下10种方式：

（1）表示好感的最常见方法是用尾巴绕着你，用头或身体碰你的腿，用耳背或脸蹭你。这样做是想在你身上留下熟悉的气味，令它觉得更舒服，也可能是把你当成它的从属。

（2）舔你，像舔其他猫一样，这表示信任和好感。

（3）当人抚摸它之后，它会舔自己，"品尝"人的气味。这种气味是我们不能闻到而猫能察觉的。

（4）当猫卧在你的膝上，肯定是对你有好感，它不会跳到不喜欢的人的膝上。

（5）它带给你"礼物"，如死老鼠，是表示它对你有好感，也表示它认为你是它的妈妈。

（6）猫尾巴直竖是表示非常强烈的好感。你会发现当猫接近它不认识的人或猫时，尾巴是垂下的。

（7）翻滚身体表示"跟我玩吧"，猫不会与它不喜欢的人玩的。

（8）把爪子放在你的手臂上是"重申"它对你很有好感。

（9）当它慢慢弯曲背部，蹭你的腿时，那是对你说："我爱你！"

（10）猫发出"咕噜咕噜"的声音有很多原因，如果它在蹭你时发出这样的声音，表示它真的很爱你。

2. 猫的肢体语言

心情轻松平静：猫咪躺着或坐着，瞳孔缩成一条直线，眼睛半开，甚至完全闭上。它会轻松地用前掌来洗脸，洗耳朵。躺下来，全身往前伸展，或是全身蜷成一团。当它睡好了，会前低后高地伸展前腿。

高兴、放松地打招呼：直立站定，尾巴伸直，尾巴尖端轻轻地左右摇。头上仰，眯着眼。想靠近你，准备撒娇——坐着，瞳孔微微放大，尾巴直立，或是轻轻地摇。

打招呼，撒娇：它会绕着你的脚，不断地用头来磨蹭你的腿。你把它放在桌上，它会用头、下巴，不断地磨蹭你的脸。

欢迎：当你回家时，它会跑到门口坐着，缓慢而幅度很大地摇晃着尾巴表示"很高兴，你回来了，欢迎欢迎"。

高兴：吃饱了，擦过嘴，舔过脚掌，坐定，摇尾巴，表示"我吃饱了，好满足，好高兴"。

信赖：它会四脚朝天，在地上翻滚，表示它完全信赖你，觉得十分安全。

巡视地盘：它会轻轻地、尾巴平伸地四处走动。有入侵者时，它会先观察来者意向如何。

好奇：用后脚站起来，耳朵朝前倾，尾巴垂下，末端轻轻地摇。

小心，我会生气：胡须竖，尾巴迅速地摆动，表示它觉得来者不善，下一步也许是逃走，也许是进一步恐吓，甚至攻击。

生气：全身压低，尾巴卷起来，双耳后压，张嘴，露出犬牙，并且出声。

准备攻击：前低后半高，尾巴平伸，双耳朝前倾，爪子全露出来。

警戒，生气：双耳平放，身体拱起，尾巴挺直向上，全身的毛竖起。

迷惑，烦恼愤怒：身体低低地站着，尾巴垂下，慢慢地摇动。

投降：耳朵垂下，尾巴卷进身子，胡须也下垂，身体缩成一团，表示服输，我投降。

平静无事：耳朵自然向上伸，胡须自然垂下，瞳孔细直。

警觉，专心注意：眼睛圆睁，耳朵完全朝前，胡须上扬。

不安，恐惧：双耳朝两侧，眼睛椭圆，瞳孔稍微放大。

警告，威胁：双耳又压低了些，眼睛更细，但尚未出声。

进一步出声警告：双耳压平，胡须上扬，脸压扁，眼睛更细。

攻击：双耳后压，胡须上扬，发出吼声，张牙露齿。

心事重重：耳朵朝前，瞳孔稍大，胡须下垂。

惊喜：瞳孔圆圆的，耳朵竖直，口微开。这一般是猫在闻到香喷喷的鱼、肉时的反应。

好奇：耳朵朝前，嘴是闭着的，瞳孔圆圆的。

呼噜呼噜：在你抱着它抚摸它的下巴，半夜它上床，或是在伸展四肢，很懒散的时侯或在它生病或痛苦时，就会发出呼噜声。此外呼噜也可表示友好。

喵：低沉而温柔，表示打招呼，欢迎，心情好，答话。而大声一些时，可能是抱怨，有所乞求。

嘶叫：高亢的嘶叫声，同时嘴巴张开，舌头卷成圆筒状，并且有热气同时呼出。用来表示恐惧，发怒，甚至威胁对方止步。

"咪—噢，咪—哇"：是在困惑、有所求时发出。

二、安全抓猫和抱猫的方法

家中有了可爱的猫，您几乎会情不自禁想要把它抱起来。如果人们抱猫的姿势正确，大多数猫喜欢被人抓起来，抱在怀中。猫一定要感到舒适、安全，才会喜欢被人抓起来。抱猫时必须随时用手托住猫的身体；如果您将猫抓起来的方法不正确，用手提着猫的前腿，而猫身体其余部分倒挂在半空中，有忍耐性的猫会摇尾巴，表示不悦，而不够温顺的猫，为了逃脱，可能会挣扎，甚至咬人。抓取小猫时姿势正确尤为重要。因为小猫的胸腔很脆弱，非常容易挫伤。抱起病猫时也需要特别注意，如图2-13所示。

（1）将小猫抓起来时，为了不弄伤它，应该把一只手放在猫前腿后面的肚子上，另一只手放在猫的后两条腿下面，这样就可以把猫抱起来了。

（2）把小猫抱到齐胸的位置，另一只手稳稳地托住猫的两条后腿下面，以便支撑它的整个重量。

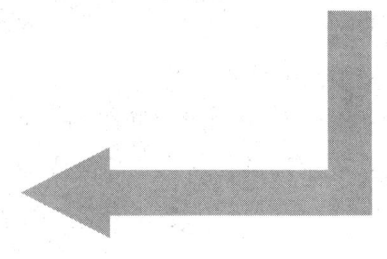

（3）让猫靠在自己的身上，用双臂和手托住它。为了把猫抱稳，可把一只手放在它胸部靠近脖颈的地方。

图2-13 安全的抓猫和抱猫方法

第三节　如何给猫喂食

一、猫的食具

猫的食具分为饲料盆和饮水盆。饲料盆的大小视猫的大小而定，小猫用小瓷盘子即可，大猫则用中等大小的搪瓷盘或盆，但要选择底面积较大而重的容器，这样可防止猫吃食或抓盘时将其弄翻。如果养两只以上的大猫，应一猫一食盘，小猫可以共餐。饮水盆则以猫能自由地用舌舔饮到水即可，但是容器较深和碗口较小的饮水盆，当水位下降时，猫就很难饮到水了，所以饮水盆的口应适当大一点，也应盆底稍重、底面积大一点，以防翻倒。饲料盆和饮水盆每次用后应及时清洗，定期用0.1%高锰酸钾溶液或1%热碱水消毒，天热或猫有病时，应增加消毒次数。

二、猫食选择

1. 选择适合的猫食

幼猫比成猫需要更多的蛋白质及脂肪，而老猫需要少一点的热量。很多厂商有为每个年龄阶段配方的猫食，如幼猫用、成猫用、老猫用猫食等。在给猫选猫食时应依成长阶段的不同，使用不同的食物。如果你的猫有健康问题，在为它选择食品时就要更加注意。肥胖的猫吃低热量的猫食比较好，怀孕的猫或者有肾病、糖尿病、心脏病的猫应该在兽医的指导下选择食物。

2. 猫粮的比较

罐头和干燥性猫粮的选择，要考虑主人的便利和猫的口味偏好。虽然罐头食物气味异常，但大多数猫都喜欢这种罐头猫粮，较好品牌的猫食内含营养成分很高，你的猫可以少吃一点就达到它的饮食需要。要注意的是：罐头一旦打开，便无法持久保存。不要将上次留在罐内没吃完的部分从冰箱取出直接食用，应加热一下，达到40℃左右就可以了。干燥型猫粮水分少，不容易发霉变质，比较容易保存。此外，它还有营养均衡、价格便宜等优点。

3. 猫咪的零食

偶尔在正餐之外给猫一些健康零食对猫没有坏处，在训练中也可用零食来增加猫对训练的兴趣。但是一定要限制零食的分量，否则最后你会养出一只超重的猫。此外，还要避免给它人类的食物，它们对猫完整均衡的饮食结构没有好处。可以在宠物商店选购健康零食。

三、给猫喂食的注意事项

1. 猫的食具要固定使用，不能随便更换

猫对食具的变换很敏感，有时会因换了食具而拒食。要保持食具的清洁。食具底下可垫上报纸或塑料纸等，不仅可防止食具滑动时发出声响，而且也易于清扫。每次猫吃剩的食物要倒掉或收起来，待下次喂食时和新鲜食物混合煮熟后喂给猫。

2. 喂食要定时定点

猫"开饭"的生物钟一旦形成，就比较固定，不应随意变更。放猫食的地方要固定，猫不喜欢在嘈杂声中和强光照射的地方吃食，如果有客人来访，不要在猫吃食时让客人看你的猫，陌生人的出现，会大大降低猫的食欲。

3. 猫有用爪钩取食物或把食物叼到食具外边吃的不良习惯

一旦发现这种现象，要立即调教，使其改掉这种习惯。

4. 猫喜食温热的食物

凉食、冷食不但影响猫的食欲，还易引起消化功能紊乱。一般情况下，食物的温度以30~40℃为宜，从冰箱内取出的食物，要加热后再喂。

5. 猫虽然饮水不多，但一定要备有充足的清洁饮水

猫饮用水必须是清水，而且每天都要换水。饮水盆可放在餐具一侧，以便猫口渴时自由饮用。

6. 随时注意观察猫的食欲

影响猫食欲的原因很多，主要有饲料、环境和疾病三大原因。如果猫的食

物单一、不新鲜，或者食物的气味、浓度、味道不对胃口等，猫会拒食。如果把猫饲料调配得花样多一些、适口性好些，能使猫始终保持很高的食欲。另外，食物的味道不要太淡，也不要太咸。猫喜吃甜食或有鱼腥味的食物。此外，强光、喧闹、有陌生人在场或有其他动物干扰等均可影响猫的食欲。若这几个因素都改善了，猫的食欲仍不好转，那可能是猫生病了，这时要及时请兽医诊治。

第四节　家庭养猫注意事项

一、给猫进行体检

无论想要养哪种猫，或从什么地方买到猫，一定要明确猫的健康状况。检查猫以前，先把手洗干净，逗猫玩一会儿，消除猫的紧张情绪。检查时，要又稳又轻地抓住猫的身体，防止猫逃走，如图2-14所示。

1. 检查被毛

摸一摸小猫被毛的质地，是否光滑，有没有缠结，找一找有没有跳蚤或其他害虫。

2. 检查眼睛和鼻子

眼睑不可突出，眼睛应清洁，鼻子应湿润。

3. 检查耳朵

小猫的耳朵应该清洁而且干燥，要确认耳中没有塞满耳屎。

4. 检查口腔和牙齿

健康的小猫口腔为粉红色，牙齿洁白，牙龈没有发炎。

5. 检查肛门

掀起猫的尾巴，看一下有无腹泻的迹象。健康猫的肛门应该清洁无粪迹。

6. 检查腹部

用一只手轻摸猫腹的下方，腹部应稍圆，不发硬。查明有无肿块（疝气的现象），然后，松手让猫自由走动，以便看看它是否跛脚。

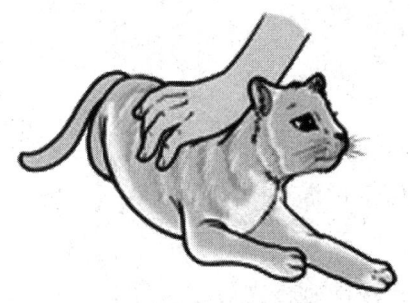 

(1) 检查时要先用手固定住猫的身体，防止它逃走。检查猫被毛的质地是否优良。

(2) 检查眼睑。猫眼睛应清洁。

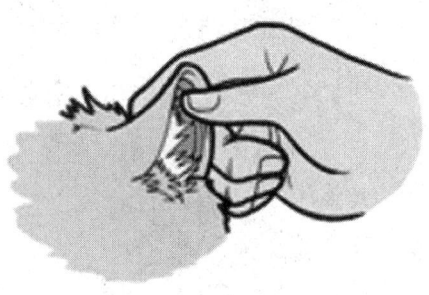 

(3) 检查耳朵。小猫的耳朵应该清洁干燥，确认耳中没有塞满耳屎。

(4) 检查口腔和牙齿。健康的小猫口腔为粉红色，牙齿洁白，牙龈没有发炎。

 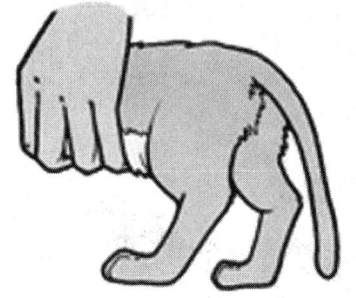

(5) 检查肛门。健康的猫肛门应该清洁无粪迹。

(6) 检查腹部。健康的猫腹部应稍圆，不发硬。

图 2-14 检查猫的健康状况

二、给猫洗澡

以下是给猫洗澡的方法，如图 2-15 所示。

猫洗澡的适宜水温为 30~35℃。可以用手试温，以不烫手为好。尤其在冬季，室内要保温，防止猫感冒。

洗澡前让猫进行轻微运动以排便排尿，洗澡时将猫放在浴盆中，动作宜轻，不要推或扔，不要让它受惊，然后从头部往下搓洗，动作要迅速，尽可能在短时间内洗完，并换水冲洗干净，用浴巾将水吸干。

要防止洗澡水进入猫的眼内和耳内，洗澡前可将少许眼药膏挤入小猫眼睑内，起预防和保护作用，将脱脂棉球堵塞猫耳，洗完后将外耳道内的水吸干；猫最易把尾巴弄脏，特别是公猫，由于从尾巴根部排泄分泌物，尾巴常沾有污

(1) 洗澡水的温度要适宜，防止猫感冒。

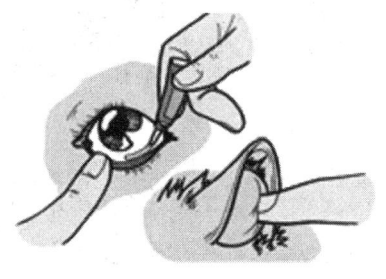

(2) 洗澡前在猫眼睑内挤一点眼药膏，将脱脂棉球堵住猫耳，做好防护。

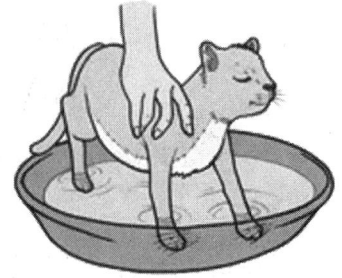

(3) 将猫放在浴盆中，动作要轻。

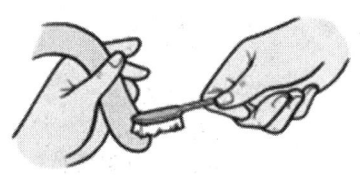

(4) 猫尾巴容易弄脏，所以要用小刷子刷干净。

图 2-15　给猫洗澡示意图

垢，这种污垢要用牙刷蘸洗涤剂刷洗，并用温水冲净；病猫或身体不适的猫暂时不要洗澡。

三、给猫梳理刷毛

短毛猫不需要每天梳理，因为它的毛比长毛猫的被毛容易打理。而且，短毛猫的舌头比长毛猫的舌头长，能够有效地自我修饰。因此，短毛猫每周梳理两次，每次花半小时就足够了。具体的梳理方法是：

（1）用一把金属密齿梳，顺着毛由头部向尾部往下梳。梳理时注意看有无黑色发亮的小粒，那就是跳蚤。

（2）用一把橡皮刷子，沿着毛的方向刷。如果养的是卷毛猫，这种刷子必不可少，因为它不会抓破表皮。

（3）某些品种的短毛猫，最好用质地软的毛刷，而不用橡皮刷。同样，也是顺着毛的方向刷。

（4）梳刷完以后，搽上一些月桂油，可以使猫的毛色光亮。

（5）最后，为了使短毛猫的毛显出光泽，可用一块绸子或丝绒，把被毛"磨亮"。在梳理的间歇时间，用干净的手顺着毛的方向轻轻按摩也能保持猫毛的光泽。

长毛家猫由于长时间被饲养在明亮和温暖的环境中，它们一整年都会换毛。因此，长毛猫需要每天梳理被毛两次，每次15~30分钟，否则毛就会缠在一起。如果不及时处理缠结的毛球，猫会十分疼痛。所以最好天天坚持为长毛猫梳理被毛。在开始给猫梳理之前，可检查猫的眼、耳、口腔、爪，看看是否干净，有无疾病的症状，如图2-16所示。

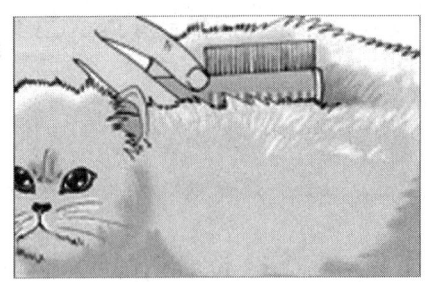
（1）先用稀齿梳子清除猫身上的皮屑，梳顺缠结的毛。能顺畅地梳毛后，改用密齿梳子梳理。

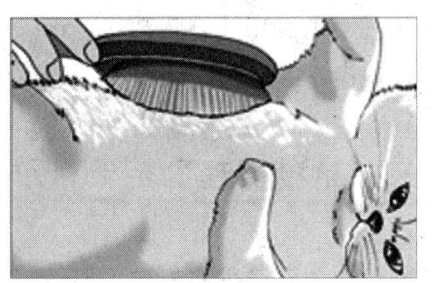
（2）用钢丝刷清除掉所有脱落的毛。要认真地梳理臀部，这个部位掉毛较多。

（3）往猫毛里洒些爽身粉，这样可以使被毛蓬松，增加丰满感，而且有助于使毛分开，然后立即将粉刷掉。

（4）用密齿梳子向上梳毛，把颈部周围脱落的毛梳掉，这样可以形成蓬松的颈毛。

（5）用牙刷轻轻刷理猫脸部的短毛。要注意避开眼睛。

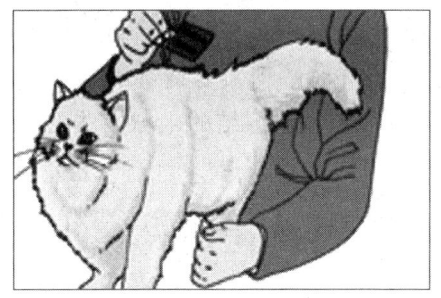
（6）最后，将猫再从头到尾梳理一次即可。

图 2-16 长毛猫的梳理方法

四、调教小猫

上厕所。小猫"上厕所"要诱导。开始时,要每天检查它大小便的地方,如果不是在规定地点排便,则要加以惩罚。或者在猫首次大小便的地点放置存便器皿,把"厕所"建在那里,这样也可以培养猫的良好卫生习惯。

不夜游。猫喜昼伏夜出,但作为宠物饲养的小猫则不能任其到处游荡。可对小猫晚间实行笼饲,使其养成不夜游习惯。

不吃死鼠。猫误吃死鼠会造成致命的后果,防止猫吃死鼠是重要的训练内容。可拣死鼠让猫叼着玩,但不许它吃,吃就用棍棒敲打。每隔1~2小时试验一次,使它养成不吃死鼠的习惯。

提高智力。可用皮球训练其跑、跳、旋、咬能力,还可用小活鼠训练其捕鼠能力,提高食鼠欲望。

不乱跑乱跳和不上床钻被窝。要从小训练猫不跳桌子,不爬书架,不上床钻被窝。要培养猫在自己窝中睡觉的良好习惯,如图2-17所示。

(1) 用皮球训练小猫跑、跳、旋、咬的能力。

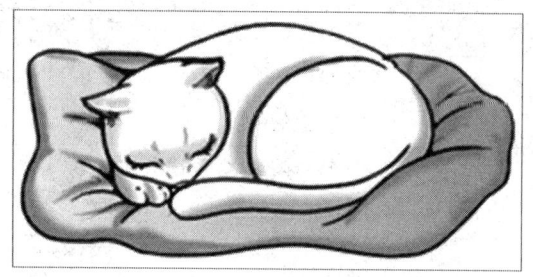
(2) 要培养小猫在自己窝中睡觉的习惯。

图2-17 调教小猫

 思考题

1. 给猫喂食应注意哪些问题?
2. 怎样给猫洗澡?水温一般为多少度?
3. 怎样调教小猫?

第三章 家庭观赏鱼的饲养

本章内容概要

通过本章的学习,使家政服务员了解家庭观赏鱼饲养的基本知识,以便能很好地掌握观赏鱼的分类、水族箱的正确使用方式、观赏鱼的喂养常识以及观赏鱼常见病的防治等知识。

本章学习要求

内 容	应知程度	应会程度
观赏鱼的分类	☆☆	
水族箱的正确使用		☆☆☆☆
观赏鱼的喂养		☆☆☆☆
观赏鱼的换水		☆☆☆☆☆
观赏鱼常见病的防治	☆☆☆	

欣赏和养殖观赏鱼是一项极富情趣的休闲活动。它可以使我们欣赏到水底水族世界的种种奇观,有的似湖光山色、有的似峰峦丛林,奇花异草,叶蔓丛生,而各种鱼类,五光十色,游弋其间,更借助于光影作用,晶莹剔透,富丽绚烂,使人遐想无限。现在许多旅游景点、商厦、宾馆、娱乐和展览场所,都可以看到它们的倩影。在许多家庭中,也养着各种不同类型的金鱼、神仙鱼及其他各种热带鱼、海水观赏鱼,成为庭院或厅室一景,高雅别致,赏心悦目。但饲养观赏鱼是一项技术性较强的工作,需要科学方法的指导,才能把鱼养好,满足自己观赏娱乐的需要。

第一节 家养观赏鱼的分类

观赏鱼是指那些具有观赏价值的有鲜艳色彩或奇特形状的鱼类。它们分布在世界各地，品种不下数千种。它们有的生活在淡水中，有的生活在海水中，有的来自温带地区，有的来自热带地区。它们有的以色彩绚丽而著称，有的以形状怪异而称奇，有的以稀少名贵而闻名。在世界观赏鱼市场中，通常将家养观赏鱼分为三大品系。

一、温带淡水观赏鱼

温带淡水观赏鱼主要有红鲫鱼、中国金鱼、日本锦鲤等，它们主要来自中国和日本。红鲫鱼的体形酷似食用鲫鱼，依据体色不同分为红鲫鱼、红白花鲫鱼和五花鲫鱼等，它们主要被放养在旅游景点的湖中或喷水池中。

金鱼的家化饲养是由皇宫中传到民间并逐渐普及开来的。金鱼的家化经历了池养和盆养两个阶段，经过数代民间养鱼人的精心挑选，由最初的单尾金鲫鱼，逐渐发展为双尾、三尾、四尾金鱼，颜色也由单一的红色，逐渐形成红白花、五花、黑色、蓝色、紫色等，体形也由狭长的纺锤形发展为椭圆形、皮球形等，品种也由单一的金鲫鱼，发展为今天丰富多彩的数十个品种，诸如红鲫鱼、龙睛狮头、朝天龙、水泡眼、虎头、绒球、珍珠鳞和鹤顶红等，如图3-1至图3-4所示。据史料记载，中国金鱼是在明朝首次传入日本，并于1615—1623年再次传入日本。

图3-1 红鲫鱼

图3-2 龙睛狮头

图 3-3　朝天龙　　　　　　　　图 3-4　水泡眼

日本锦鲤的原始品种为红色鲤鱼，早期也是由中国传入日本的，经过日本人民的精心饲养，逐渐成为今天驰名世界的观赏鱼之一。日本锦鲤的主要品种有红白色、昭和三色、大正三色和秋翠等，如图 3-5，图 3-6 所示。

图 3-5　红白色　　　　　　　　图 3-6　大正三色

二、热带淡水观赏鱼

热带淡水观赏鱼主要来自于热带和亚热带地区的河流、湖泊中，它们分布地域极广，品种繁多，大小不等，体形特性各异，颜色五彩斑斓，非常美丽。热带淡水观赏鱼较著名的品种有三大系列：一是灯类品种，如红绿灯、头尾灯、蓝三角、红莲灯和黑莲灯等，它们小巧玲珑、美妙俏丽，非常受欢迎。二是神仙鱼系列，如红七彩、蓝七彩、条纹蓝绿七彩、黑神仙、芝麻神仙、鸳鸯神仙和红眼钻石神仙等，它们潇洒飘逸，温文尔雅，大有陆上神仙的风范，非常美丽。三是龙鱼系列，如银龙、红龙、金龙、黑龙鱼等，它们素有"活化石"美称,名贵美丽,广受欢迎,如图3-7至图3-10所示。

图3-7 蓝三角

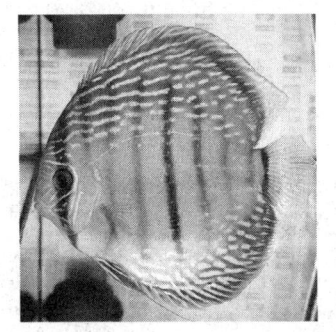

图3-8 蓝七彩

图3-9 红龙鱼

图3-10 银龙鱼

三、热带海水观赏鱼

海水观赏鱼主要来自于印度洋、太平洋中的珊瑚礁水域,品种很多,体型怪异,体表色彩丰富,极富变化,善于藏匿,具有一种原始古朴神秘的自然美。热带海水观赏鱼分布极广,它们生活在广阔无垠的海洋中,许多海域人迹罕至,还有许多未被人类发现的品种。热带海水观赏鱼是全世界最有发展潜力和前途的观赏鱼类,代表了未来观赏鱼的发展方向。

热带海水观赏鱼有30多科,较常见的品种有雀鲷科、蝶鱼科、棘蝶鱼科、粗皮鲷科等,其著名品种有女王神仙、皇后神仙、皇帝神仙、月光蝶、月眉蝶、人字蝶、海马、红小丑和蓝魔鬼等,如图3-11至图3-14所示。热带海水观赏鱼颜色特别鲜艳、体表花纹丰富。许多品种都有自我保护的本性，有些体表生有假眼，有的尾柄生有利刃，有的体表长出棘条一样的坚硬有毒的尖刺，有的体内可分泌毒汁，有的体色可任意变化，有的体形善于模仿，千奇百怪，充分展现了大自然的神奇魅力。

图 3-11　女王神仙

图 3-12　月光蝶

图 3-13　红小丑

图 3-14　蓝魔鬼

第二节 水族箱的正确使用

水族箱是用来饲养热带鱼或者金鱼的玻璃器具,起到观赏的作用。水族箱又称为生态鱼缸或水族槽,是为观赏用、专门饲养水生动植物的容器,是一个动物饲养区,通常至少有一面为透明的玻璃及高强度的透明塑料。

一、水族箱的构造

水族箱主要包括4个部分:容器、过滤系统、增氧系统、换水装置,如图3-15所示。

1. 容器

观赏鱼如果体形较大,游动空间要求也较大,选用中型以上水族箱,一般鱼缸的高度应在60厘米以上,如图3-16所示。水族箱的水深也要根据不同鱼种的实际情况来定。例如,金鱼千百年来由人工饲养,适应于浅水生长,因此水族箱的水深不要高于40厘米。水族箱中可以适当摆放表面光滑的小饰物,但要注意不要留死角,不然游动笨拙的鱼儿会卡在里面造成损伤。水族箱可以添加顶部照明,弥补光照不足,也便于观赏金鱼。对于养鱼数量较多的家庭,要准备一个暂养缸,用以隔离病鱼,换水清缸周转使用。

图3-15 水族箱

图3-16 容器

2. 过滤系统

观赏鱼的活动量大，代谢较多。因此过滤系统常采用外置过滤系统，如图3-17所示。过滤系统包括顶部过滤盒和过滤桶。过滤盒（桶）中放置生化海绵、活性炭。过滤盒（桶）的容积要大，使得能放入足够多的过滤材质。需要注意的是，要选用一个名牌的泵头，不仅噪声小而且使用寿命长。泵头要定期拆卸清理以增强过滤效率。

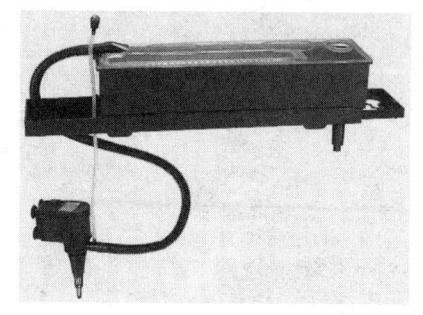

图3-17 顶部过滤器

3. 增氧系统

鱼儿的耗氧量很大，一般一个60厘米的鱼缸饲养两条10厘米的观赏鱼，如果没有增氧系统一个晚上就会缺氧"浮头"。一般常使用的增氧设备是气泵。气泵送出的空气通过气石扩溶在水中。气泵的功率不能太大，否则会影响鱼儿静水生活的习性。气泵的输气导管要具备止逆阀，以免停电时水通过导管溢出。对于比较"娇气"的观赏鱼饲养，建议使用气泵作动能带动生化海绵，进行增氧过滤。

4. 换水装置

饲养鱼儿的水体大，换水频繁。家庭养观赏鱼要准备几只塑料大桶，用来晒水及换水。抽水用的水管的进水端要有隔离网，并在抽水时避免惊扰鱼儿。

二、水族箱的使用时应注意的事项

（1）水族箱放置位置应得当。一般不要放在木地板上，以免压力造成木地板变形，引起水族箱扭曲发生破裂，或操作时水流在木地板上，使地板吸水变形。水族箱的地面、台面必须保持平整，严禁将水族箱置于露天和潮湿的场所。

（2）水族箱的缸体与底柜要合适。安放时一定要保证缸体全部放在底柜上方。各边距离适当，缸体不得超出底柜边界之外，以免造成缸体加水后失重歪斜。壁挂式水族箱安装时一定要保证墙体的受重力足以支撑布置好的水族箱的重量。严禁水族箱内有水时搬动水族箱，严禁拍打、撞击、摇晃水族箱。

(3) 水族箱造景用的底沙应提前清洗干净。里面不能含有石块、铁等坚硬物，以免倒沙时砸破水族箱。造景用石材等饰物应轻拿轻放，并在底沙上放稳，确保其不会倾倒。

(4) 水族箱造景时应将缸盖全部拿掉，以便于造景操作。造景完毕后再盖好水族箱盖。

(5) 水量不得超过水族箱规定的上限，以免水过多发生溢漏现象。

(6) 水族箱内壁用久后会因藻类孳生而发暗，可用缸刷或磁力刷清擦，不可用坚硬的物体强行刮擦，以免划伤玻璃。清洗水族箱时，用冷水湿布擦洗，切勿使用40℃以上的热水或化工原料制成的清洁剂，以免导致密封胶变形而漏水。

(7) 水族箱安装、清洗、换水、种草时，确保水族箱所有电源已被切断后方可进行。对水族箱进行换水、清洗等操作时，应小心谨慎，不要让水流到水族箱外、底柜或木地板上。如不慎溢出应立即用抹布擦拭干，以免底柜、地板浸泡变形。

(8) 水族箱经常发生渗漏或假性渗漏现象。发现水族箱水位一直在下降，而且看到缸外、底柜、地板上有水，可能是水族箱内水渗漏或溢出，有以下几种可能性：一是缸内水因加热棒、灯光照射而蒸发到缸盖上，冷却后顺缸盖或装饰条缝隙流出；二是过滤泵流量过大或出水口不正，使水流溅出缸外；三是水族箱的水位过高，超过观赏面以上，从装饰板接缝处流出；四是水族箱玻璃胶粘封不严、老化。对此，可通过打开缸盖，关掉过滤泵，观察水位下降速度，排查原因，并采取相应补救措施。

第三节　如何给鱼喂食、换水

一、观赏鱼饲料及喂养

好的观赏鱼饲料成分中应该包括：蛋白质、纤维、脂肪、各种维生素和微量元素。观赏鱼的饲料主要分为两类：水生生物饲料，如图3-18，图3-19所示；人工合成饲料。

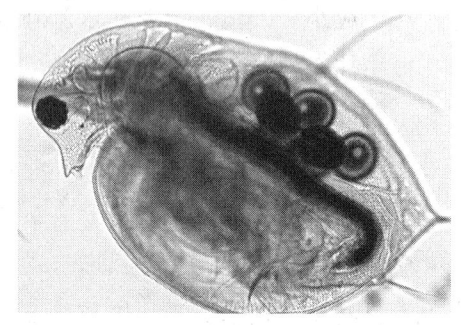

图3-18　水蚤

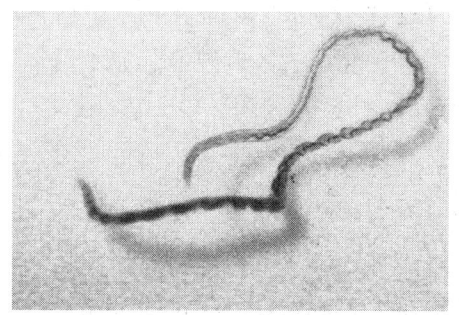

图3-19　水蚯蚓

水生生物饲料包括观赏鱼可以摄食的水生动植物的活体或干品，有水蚤(俗称"红蹦")，剑水蚤（俗称"青蹦"）、血虫（俗称"红虫"）、水蚯蚓（俗称"线虫"）和浮萍等。经过实践验证，在所有水生生物饲料中，水蚤的营养是最全面的，也是全部饲料中最适合饲喂观赏鱼的。用水蚤饲喂，观赏鱼不仅特别爱吃，并且消化很好，产生的代谢物不易浑水。

其他水生生物饲料的营养成分不如水蚤全面，并且往往携带病菌，引起观赏鱼生病，因此要采取消毒和交替饲料喂养的办法避免以上缺点。

近年来，市场上逐步出现了卫生、方便的人工合成饲料，并且配比成分趋于合理。人工合成饲料根据形态的不同，可以分为：颗粒饲料、粉状饲料、片状饲料和贴片饲料4种。

颗粒饲料：是最常见的观赏鱼饲料，如图3-20所示。一般以浮上型的居多。投入饲料后,颗粒饲料漂浮在水面上,观赏鱼需要游到水面,张口吞食。特别适合喂养望天类金鱼,可以保持望天类金鱼眼睛向上觅食的形态,从而保持品种特征。颗粒饲料不下沉,不易漏入水族箱底沙的缝隙中,发生腐败,对于只能在水底觅食的观赏鱼,就会因为找不到食物而挨饿。

粉状饲料:颗粒细小,可以用来喂养幼鱼,如图3-21所示。投入饲料后,粉状饲料徐徐下沉,观赏鱼可以在下沉过程中抢食。但如果铺有底沙,可能会落入缝隙中,使鱼难于吃到。一般观赏鱼用粉状饲料,会在水中膨胀,从而可以较长时间悬浮在水中。粉状饲料的缺点是比较容易浑水。

图3-20　颗粒饲料

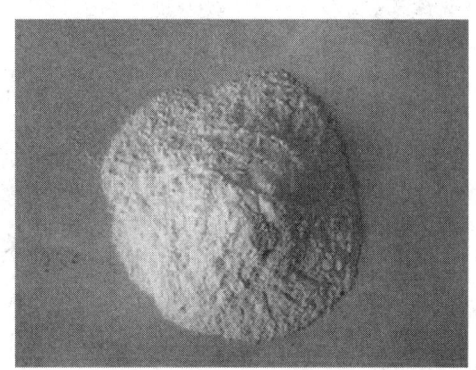

图3-21　粉状饲料

片状饲料:又称为薄片饲料,是理想的饲料形态,如图3-22所示。片状饲料口感好,由于表面积较大,不易漏进底沙缝隙,即使是觅食能力较差的品种也能轻易吃到,但是售价相对较高。

贴片饲料:可以将贴片饲料粘贴在水族箱玻璃上,观赏鱼会主动过来抢食,如图3-23所示,适合于喂养游动活泼、身体强劲的观赏鱼品种。但对于水泡、珍珠等相对"娇气"的品种,为防止水泡、珍珠鳞片在争抢中受损,应该避免采用。另外,贴片饲料一般是作为其他饲料的补充使用。

观赏鱼投放饲料应坚持"四定"。

定时:每天1次或2次,每天固定时间喂食,不要更改时间,一般春秋冬季可在中午天气暖和时投喂,夏季在早晚凉爽时投喂。

定点:每次投喂时应选在固定的位置,具体地点按喂养环境而定。

图 3-22　片状饲料

图 3-23　贴片饲料

定量：一般有两种衡量方法。一种是每天喂 2 次，每次以 3~5 分钟内吃完为标准；另一种是与鱼的体重比较，也是一天喂 2 次，每次喂食量相当于鱼体重 3%~5% 为参考。

定质：饲料要新鲜，符合鱼类生长营养要求。

二、观赏鱼换水

换水分为彻底换水和注氧换水。彻底换水是将缸中水全部抽出来，重新换上新水；注氧换水是指将缸中的水抽掉 1/3~2/3，再加入同等量新水。彻底换水和注氧换水可以解决水中溶氧量不足的问题。换水的次数与换水量的多少，要看鱼缸、鱼池水质的变化，天气的变化以及养鱼密度来决定。一般来说，家庭养鱼密度较大、缸中水易缺氧，要适时换水。如果说缸中水质发浑，呈现黄褐色或灰白色，可闻到腥味，或者说由于天气过于闷热，鱼出现浮头现象，说明缸水缺氧，鱼已不可忍受，应彻底换水。从季节来说，春秋季节如果没有投饵料，可以每隔 1~2 天换水 1 次；夏天每天至少应注水 1 次；冬季每隔 4~5 天应注水 1 次。

彻底换水时，鱼缸要彻底清洗干净，并用高锰酸钾溶液浸泡 30 分钟以上。换水时，可用一根玻璃管一头套上一段橡皮管，将玻璃管沿缸壁轻轻插入缸底，用手捏住橡皮管一端控制流水量，把缸中污物吸出。鱼缸内部重新安装好后，注入备好的熟水，再把鱼放入缸内。

注氧换水是抽去缸内污物、粪便与杂质后，向缸内注入部分新鲜水。操作时水要徐徐倒入。

给观赏鱼换水应注意的事项：

一是方法要正确。在进行部分换水时，主要是为了吸除箱底的杂质和鱼类的粪便等排泄物，因此用虹吸管排水时，因吸力大，要捏着管壁，切莫使观赏鱼被管子吸住，吸断水草柔嫩枝条，吸掉沙子。特别是金鱼类中的水泡眼，一旦水泡被吸住，就会破裂。如吸住鱼体，也会造成鳞片脱落而受伤。

二是要及时管理。如果水已发臭、变黑或鱼浮头时，需要对水族箱进行彻底换水。在彻底换水后 1~2 天内，由于鱼对新的环境尚未完全适应，会出现食欲减退现象，这是一种正常的生理反应，所以在换水后 1~2 天内，一定要减少投饵量，甚至可停食 1 天。否则易出现鱼虫过剩，引起水腐臭变质，使鱼生病、死亡。

三是要注意温差。换水一定要使用熟水，熟水与老水的温差至多不超过 3℃（鱼苗以不超过 2℃为宜）。水温相差过大，极易使幼鱼患病死亡。

第四节　家养观赏鱼常见病防治

观赏鱼长期生活于优越的环境中,对水质要求较严格,与外界接触少,交叉感染疾病的机会很少。许多观赏鱼,特别是热带鱼的体型多为小巧玲珑,生活于适温环境中,受外界气候、饲养条件变化的干扰少,故抗病能力较差。那么,如果观赏鱼得了病应该怎么办哪?本节课主要讲授观赏鱼的常见病的防治。

一、观赏鱼病种类概述

通常将鱼病分为两大类:一类主要由动物或植物引起,包括微生物鱼病和寄生虫鱼病。另一类主要是由水体环境的机械、物理、化学等非生物因素或鱼体生理机能失调所引起机体的代谢障碍或机能紊乱而导致的鱼病称为非生物性鱼病。此类鱼病的种类很多,危害较大,涉及面也较广。只要加强管理,做好预防工作,此类鱼病可避免发生。

二、观赏鱼常见病及治疗方法

1. 痘疮病

痘疮病又名淋巴囊肿病毒症,如图3-24所示。发病初期,病鱼的皮肤表面出现许多白色小斑点,覆盖着一层白色黏液,随着病情的发展,这些白色斑点的数目逐渐增多,区域扩大,患病部位的表皮逐渐增厚,有时厚度可达1~5毫米,形成石蜡状的"增生物",表面组织由柔软变成软骨状的结缔组织。这些"增生

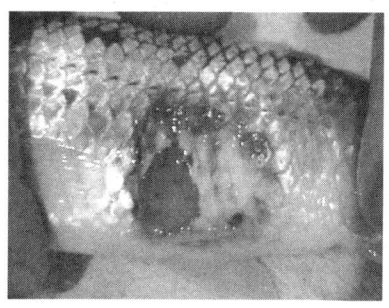

图3-24　痘疮病

物"增长到一定程度后，会自动脱落，接着又在原位置重新出现新的"增生物"。这些"增生物"如果占了鱼体表面积的大部分，就会严重地影响鱼的正常生长，使鱼体消瘦，游动迟缓，甚至死亡。若"增生物"不多，对鱼影响不大；一般在春季，水温15℃左右时出现病例。

此病可用左旋氯霉素治疗；小鱼可用浓度为百万分之零点二二五的药液浸洗，个体大的鱼可以注射此药，均能获得一定的疗效。

2. 白皮病

白皮病又称白尾病，如图3-25所示。由于水质不洁，特别是水族箱中的粪便没有及时清除，或因捕捞运输、放养、移箱时操作不慎，使鱼体受伤，导致病原菌感染。发病开始时，只在背鳍基部或尾柄处出现一小白点，随即迅速扩大，从鱼体背鳍向后蔓延，以致背鳍与臀鳍间的体表至尾鳍全部发白。随着病情加剧，病鱼游泳能力明显减弱，体躯平衡失控，头部朝上，尾鳍朝上，与水面垂直做上下游动和挣扎，不久即死亡。每年5—8月间为此病流行季节，鱼发病后2~3天即死亡，死亡率极高。

此病可用百万分之十二点五的金霉素，或百万分之二十五的土霉素水溶液浸洗30分钟；也可用百万分之一的漂白粉或百万分之二至四的五倍子泼洒于水族箱中消毒治疗。

图3-25　白皮病

3. 白头白嘴病

白头白嘴病，如图3-26所示。此病发病时，病鱼的额部和嘴部周围的细胞坏死，色素消失而表现白色，病变部位发生溃烂，有时带有灰白色绒毛状物，因而呈现"白头白嘴"症状。在水面游动之病鱼，症状尤为明显。当病鱼离水后，症状就不显著。严重的病鱼，病灶部位发生溃烂，个别病鱼头部出现充血现象，有时还表现白皮、白尾、烂尾、烂鳃或全身多黏液等病变反应。病鱼一般体瘦、

图3-26　白头白嘴病

发黑，呼吸加快，食欲不振，游泳缓慢，不断地浮出水面，不久即死亡。此病是一种暴发性疾病，发病极快，传染迅速，一日之间可全部死亡。此病流行季节性比较明显，一般在5月下旬至7月上旬，6月为发病高峰。

此病可用百万分之一漂白粉洒入鱼箱做消毒处理，或用百万分之零点五至零点七西力生（含2.5%氯化乙基）洒入，效果都很好。

4. 小瓜虫病

小瓜虫病又称白点病，如图3-27所示。观赏鱼因小瓜虫寄生而发病的病例较为普遍。鱼体感染初期，胸、背、尾鳍和体表皮肤均有白点状分布，此时病鱼照常觅食活动，几天后白点布满全身，鱼体失去活动能力，常呈呆滞状，浮于水面，游动迟钝，食欲不振，体质消瘦，皮肤伴有出血点，有时左右摆动，并在水族箱壁、水草、沙石旁侧身迅速游动

图3-27 白点病

蹭痒，游泳逐渐失去平衡。病程一般5~10天。传染速度极快，若治疗不及时，短时间内可造成大批死亡。

此病的治疗多采用小瓜虫不耐高温的弱点，提高水温，再配备药物治疗，通常治愈率可达90%以上。若治疗及时，治愈率可达100%。

用百万分之零点零五的孔雀石绿和百万分之二十五的甲醛溶液混合处理，疗效较好；也可用1%盐水浸泡数天，或用百万分之二的甲基蓝溶液，每天浸泡6小时，均可取得良好效果。

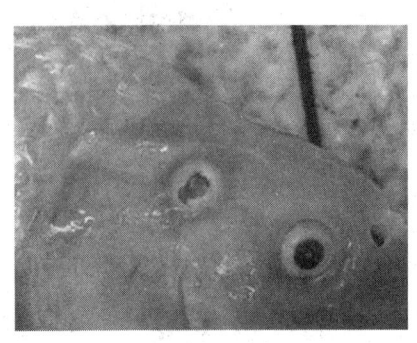

图3-28 头部穿孔病

5. 头部穿孔病

头部穿孔病，如图3-28。当鱼饵料中部分或完全缺乏钙、磷或维生素D等营养素，或由于鱼受鞭毛虫类感染而导致食物运行到肠内时，这些营养素被寄生虫所吸收。同时由于大量的鞭毛虫类的感染而减弱寄主肠内黏膜的吸收能力，从而导致营养缺乏症——穿孔病。

当鱼体内缺乏钙、磷和维生素D等必需营养素中的任一种时，其皮下组织就会开始成块状的分解，尤其是在头部的软骨组织。起初发病部位的表皮依然完好，这些病变并不易察觉，直到各个病块被撕裂，白色的软骨组织被分解而成的分泌物开始渗漏出来。经过一段时间之后，这些分泌物会穿透周围的组织，最后流到伤口外面来。从鱼的外表可发现在头部及眼睛周围出现1~3毫米的洞，看起来就像一条条小白虫由皮肤内钻出来一样。至于大一点的洞，像几毫米直径宽的塞子被顶出来一样，洞孔随时间而扩大。

治疗时除药物控制外，还要注意在食物中有规律地添加足够量的钙、磷和维生素D，穿孔即可愈合。同时在水中添加碳酸钙和硫化镁，可以加速康复的过程及预防穿孔病。

思考题

1. 水族箱的使用过程中应注意哪些问题？
2. 给鱼喂食时应注意哪些问题？观赏鱼的饲料有哪些？
3. 给鱼换水应注意哪些问题？
4. 观赏鱼有哪些常见病？应怎样防治？

第四章 家养观赏鸟类的饲养

本章内容概要

通过本章的学习，使家政服务员了解家养观赏鸟的基本知识，以便能很好地掌握观赏鸟的识别、家养观赏鸟的日常管理、家养观赏鸟常见病防治等知识。

本章学习要求

内　容	应知程度	应会程度
家养观赏鸟的分类	☆☆☆	
家养观赏鸟的日常管理		☆☆☆☆☆
家养观赏鸟常见病防治	☆☆☆	

中国养鸟的历史非常悠久，早在几千年以前，人们就把狩猎获得的一些性格温顺、体形不大、容易喂养成活的野鸟关起来进行喂养。随着人们物质生活水平的不断提高，有些人对那些羽色艳丽、姿态优美或鸣声悦耳的鸟儿发生了浓厚的兴趣，于是便开始了以观赏和玩耍为目的的养鸟活动，它们给人们的生活增添了无限的情趣。

部分鸟类的羽色艳丽，鸣声婉转，易饲养和驯熟，被人们驯养为笼鸟，如画眉、百灵、黄雀、鹩等，给人们的业余生活增添乐趣，对于调节疲劳，可起到很大的作用。在养鸟爱好者的队伍中，有一大批是老弱孤寡病残的人，通过养鸟，不仅能使他们修身养性、陶冶情操，而且还能适度活动筋骨，调剂生活，增进身心健康。

第一节　常见家养观赏鸟介绍

我国现今笼养供观赏的鸟类不少于100种，其中主要是雀形目的鸟，因为该目的鸟一般体形小巧，善鸣叫和飞舞，如画眉、八哥、云雀等。此外，还有鹦形目的各种鹦鹉。

目前我国在饲养观赏鸟方面已积累了比较丰富的特有经验。每种鸟都有一定的观赏标准和特定的饲养方法。我国对观赏鸟的选择主要是以鸣声为标准，有的激昂悠扬，有的柔润婉转，有的清朗流畅，如画眉、白灵、云雀、金丝雀、金翅雀和红点颏等。其次是欣赏鸟的飞舞，如白灵、云雀、绣眼鸟等，这些鸟能边舞边鸣，姿态优美多变。舞时有不断颤动两翅，有的能停在半空飞翔，有的能在半空翻身。

由于家政服务员所服务的家庭千差万别，雇主对鸟类的喜好也各不相同，下面我们只介绍常见的几种家养观赏鸟。

一、百灵

1. 凤头百灵　（又叫做阿兰、角角、大角）

凤头百灵，因头上长有长而窄的黑色冠羽而得名，如图4-1所示。凤头百灵喙较细小而呈圆锥状，身长约17厘米，翼展29~34厘米，体重35~45克。

凤头百灵最好从雏鸟养起。雏鸟饲料用软食，主要由绿豆粉、玉米粉、熟鸡蛋或熟鸭蛋、肉末、昆虫和菜叶汁，加适量钙粉和水调合成干糊状，15日龄以下需填喂，15日龄后由其自己啄食，并逐步

图4-1　凤头百灵

加入粟子等粒料，过渡到成鸟饲料。雏鸟饲养还要注意保暖，10日龄以下保持30℃以上温度，以后逐步降温，直到羽毛长全。成鸟饲养时开始要注意遮光。

凤头百灵的常见病是结膜炎，鼻出血。

凤头白灵喜欢沙浴，在笼中要经常更换消毒过的细沙。

2. 蒙古百灵

蒙古百灵全长约18厘米，如图4-2所示。上体黄褐色，具棕黄色羽缘，头顶周围栗色，中央浅棕色，下体白色，胸部具有不连接的宽阔横带，两肋稍杂以栗纹，颊部皮黄色，两条长而显著的白色眉纹在枕部相接。初级飞羽黑褐色，具白色翅斑，最外侧1对尾羽为白色，其余尾羽为深褐色，后爪长而稍弯曲。雌鸟似雄鸟，但颜色暗淡。

图4-2 蒙古百灵

蒙古百灵一年四季都需要饲喂适量的绿豆粉，尤其夏天要增加绿豆粉的比例，借以帮助去火消暑。百灵鸟与其他鸟类一样，千万不能断水，一旦缺水，会影响鸟的新陈代谢，严重时会使百灵鸟精神不振，不爱鸣叫。饮水要保持清洁，经常换水，粪便一定不能掉在饮水里。尤其夏、秋季，一天要换2~3次水。

蒙古百灵的常见病是感冒，咽喉炎。

百灵在换羽时一定要注意保温工作，因为在换羽时全身毛孔扩大，羽毛稀少，保暖能力差，最怕风吹受寒致死。

二、画眉（金画眉）

画眉，全长约23厘米，全身大部棕褐色，如图4-3所示。头顶至上背具黑褐色的纵纹，眼圈白色并向后延伸成狭窄的眉纹。雄鸟在繁殖期极善鸣啭，声音十分宏亮，歌声悠扬婉转，非常动听，是有名的笼鸟。杂食性，主要取食昆虫，特别在繁殖季节嗜食昆虫；兼食草籽、野果。

初养画眉者，要尽量选雏鸟，并选养

图4-3 画眉

雄鸟饲养。挑选幼鸟时，要选取喙粗壮、喙峰圆、鼻孔长、眼有神、不仰头、不伏笼底、爪粗有力和羽毛轴纹细而色浅的雄鸟。喂养雏鸟时最好使用方笼。开始时一笼饲养2只，以便相互嬉戏争食，长大后再分笼饲养。

每隔一两天就应让画眉洗一次澡，画眉洗澡应设专用笼子。洗澡时，先把画眉赶入澡笼，再把笼子放入盛满水的盆里，水的深浅要适宜，一般是刚刚淹没腹下的羽毛为宜。如果发现画眉跳在栖木上不愿下水，并用喙梳理身上的羽毛，则说明澡已洗好，应及时将澡笼提出水盆进行日光浴。

画眉的常见病是眼线虫病，白丽病。

雄画眉的性子很烈，在被其他雄鸟"叫败"后很难再恢复"叫口"，所以在遛鸟时应尽量拉开与其他画眉的距离。

三、八哥（别别鸟）

八哥通体黑色，粗看起来颇似乌鸦，但与乌鸦有着显著的区别，如图4-4所示，首先八哥体形较各类乌鸦均远远为小（大嘴乌鸦体长50厘米，八哥体长25厘米），其次八哥喙足均为鲜黄色。八哥在喙与头部的交接处有着明显的额羽，细看头颈部的体羽，黑色中有绿色的金属光泽闪动，初级覆羽和初级飞羽的基部均为白色，因此在飞行过程中两翅中央有明显的白斑，从下方仰视，两块白斑呈"八"字形，这也是八哥名称的来源，两块白斑与黑色的体羽形成鲜明的对比，也是八哥的一个重要辨识特征；尾羽端部白色。八哥的雏鸟额羽不发达，体羽颜色也不似成鸟那般黑得很成熟，略呈咖啡色。

八哥羽毛不比画眉华丽，歌喉也不美，但它能模仿其他鸟的鸣叫声，而且鸣声多变，经训练的八哥还能模仿简单的人语，深受人们的喜爱。调教八哥一般从幼鸟开始，以刚换一次羽的最合适。八哥在换羽期间要增加蛋黄的含量和钙质饲料，增加日光浴时间。

图4-4　八哥

八哥学习人语的地点需要安静,无嘈杂音,没有人来来往往走动。

有的笼养的八哥喜欢乱啄,甚至会隔笼啄人,因此,人的头部不能太靠近鸟笼,尤其是儿童需特别注意。

四、金丝雀

金丝雀又名芙蓉鸟、芙蓉、白玉、白玉鸟、玉鸟、白燕,是雀目科食谷类鸟,如图4-5所示。是羽色和鸣叫兼优的笼养观赏鸟。有24个品种,在国内外皆被列为高贵笼养观赏鸟之一。

金丝雀的日常饲料是小米、稗子、玉米面、黄豆面和菜籽等,这些饲料可根据实际情况选用或搭配喂给。为保持其健壮,一般在换羽、冬季繁殖前,或者体形消瘦时,还要按主食10%~20%的比例喂给熟鸡蛋、小米面、花生米等。此外,还要每天喂一小片嫩菜叶,如鲜嫩白菜、鲜苦菜等。金丝雀特别喜食苦菜,该菜不仅能防治其拉稀,而且还能为其提供维生素。有条件的,可在夏秋季节将鲜苦菜晾干贮藏起来,以备冬用。金丝雀很爱清洁,食具和饮具均应每天清理,栖杠每3天洗1次。金丝雀一年四季都能坚持洗澡,待其洗后要及时将水碗内的水换掉。金丝雀每天只要在柔

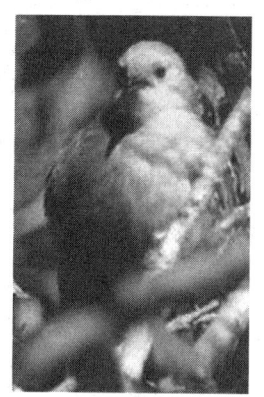

图4-5 金丝雀

和阳光下晒1个小时就可以,时间过长会使羽毛褪色。夏季,夜间要用笼套罩住鸟笼,防止蚊虫叮咬。发情、交配、孵蛋和育雏期间的金丝雀,要特别注意安静,严防惊吓,育雏笼要安放在能避风雨、透光线、干净清洁的墙壁上,以利于亲鸟的孵化和育雏。

金丝雀体质较弱,易染病,要加强平时饲养管理。注意防范病菌的入侵。

五、虎皮鹦鹉

虎皮鹦鹉也叫娇凤、彩凤、阿苏儿、鹦哥等。原产于澳大利亚等地,如图4-6所示。

虎皮鹦鹉体长16~18厘米。前额、脸部黄色，颊部有紫蓝色斑点，上体密布黄色和黑色相间的细条纹，腰部、下体绿色，喉部有黑色的小斑点，尾羽绿蓝色，虹膜白色，嘴灰色，脚灰蓝色，雄鸟鼻包为淡蓝色，雌鸟为肉色。

图4-6　虎皮鹦鹉

虎皮鹦鹉耐粗饲料，体质强壮，不易生病，且容易繁殖，可采用粗放管理方式饲养。虎皮鹦鹉上喙具钩，强壮有力，喜欢啃咬木质，故不能用竹笼，要用金属笼饲养。作为休闲观赏鸟可用小型电镀的金属笼饲养，笼内设置有栖杠、吊环，供鹦鹉玩耍。

冬季应注意保暖，室内温度应不低于16℃。夏季温度较高，一般在30℃以上时要加强通风。虎皮鹦鹉喜欢吃带壳的饲料，平时应以谷子、稗子、小米或鸡蛋小米为主，每天应喂点青菜，牡蛎粉或骨粉，也可在笼内放一个整块的墨鱼骨任其啄取。

第二节　家养观赏鸟的日常管理

观赏鸟的主人总会希望得到一些乐趣，这种乐趣不仅来自鸟的婉转悦耳的鸣声、鲜艳夺目的羽色及婀娜多姿的体态，也来自于每日给鸟喂食、水浴、清洗、鸟体整理等过程中。

一、养鸟的工具

1. 鸟架

鸟架是鸟笼的附属设备，一些尾羽长的鸟，如鹦鹉、红嘴蓝鹊、寿带鸟等，笼养易损坏其美丽的长尾，有碍观赏，故用架养；黑头蜡嘴雀、黑尾蜡嘴雀、锡嘴雀和交嘴雀等玩赏鸟，为了便于训练和调教，也用架养，用细铁链或细绳将鸟栓于架上。鸟架的制作材料有金属和木质两种，除鹦鹉类因嘴强健有力，需用金属架以外，其他均宜用木质架，因金属架太重不适于鸟类栖息，如图4-7所示。

图4-7　鸟架

2. 鸟笼

鸟笼是驯养观赏鸟的主要工具，也是观赏鸟借以栖息的地方。因此需要对鸟笼的形状、结构与工艺有所要求，不仅要具有实用价值，而且要具有独立的艺术欣赏价值。

下面介绍几种常见鸟笼：

（1）虎皮鹦鹉笼。

虎皮鹦鹉鸟笼形状多为方形与圆形，单只饲养时圆笼较好，如图4-8所示。由于鹦鹉的喙强健有力，喜欢啃咬，必须用铁丝笼，底为铁皮封闭，并有底圈，笼底设有一个抽屉式的底盘。笼顶和四边均用12号铁丝，长35厘米，宽35厘米，高42厘米。圆形笼的直径为36厘米、高42厘米，笼顶及笼边也用12号铁丝构成，条间距为2厘米。笼内设有食罐、水罐与杂食罐各一个。笼的底盘中铺一层细沙，既利于鸟啄食，又可保护鸟的趾爪。沙子要经常过筛和晾晒，以保证沙子的干净与卫生。虎皮鹦鹉笼适合饲养绯胸鹦鹉、牡丹鹦鹉、虎皮鹦鹉等中小型鹦鹉。

图4-8 虎皮鹦鹉笼

（2）点颏鸟笼。

点颏鸟笼是用精制细竹条制成的圆形竹笼，笼高约30厘米，直径25厘米，如图4-9所示。点颏鸟笼的结构应尽可能轻巧精致。在点颏笼内还需安装精质栖木1~2根，栖木两端各装食罐及水罐共4个，便于分别供给不同饲料及饮水。在木质的笼底上面，设有便于清洁的承粪板或用棉布制作的粪垫，这样可保持笼底的清洁干燥，有利于延长鸟笼的使用寿命。点颏笼适合饲养红点颏、蓝点颏等半地栖鸟类及食虫鸟类，还可

图4-9 点颏鸟笼

以用来饲养大山雀等小型鸣禽。

（3）白玉鸟笼。

白玉鸟笼在江南各省也称为芙蓉鸟笼，以方形竹笼为主，笼内放2根栖木，栖架两端固定食、水缸4个，如图4-10所示。笼底以塑料板做成，底板可活动，便于拉出来洗刷。白玉鸟笼适合饲养金丝雀、白色文鸟、灰文鸟和淡头文鸟等小型的食谷鸟。

（4）百灵鸟笼。

百灵鸟属于地栖性鸟类，从不栖息枝头，因此百灵鸟笼内不设栖架，仅在

图4-10 白玉鸟笼

笼底的中央设一圆形木质高台。百灵鸟笼一般分为大、中、小型3种，均为圆形竹笼。笼底用薄木板制成，笼壁的下部以木片或竹片封闭，封闭高度为3~5厘米，以利于笼底铺垫细沙，供百灵鸟沙浴。笼里的沙子要常筛滤，并及时将鸟粪和其他杂物清理掉，最好用水冲洗干净。沙子用过一段时间后，应放在太阳下面曝晒消毒。

(5) 画眉笼。

画眉笼为竹制圆形笼，其尺寸、大小不一，一般高30~35厘米，直径30~33厘米，笼壁的竹栏间距为3厘米，笼底也用竹栏构成，便于粪便直接落于地面，也便于笼具冲刷，或画眉浴水。距笼底12厘米处，设置直径2厘米的栖架，栖架表面最好粘一层细沙，有利于磨损画眉不断生长的角质嘴壳及趾爪，以防因生长过度而畸形，影响取食和正常运动。栖架两端的笼壁上固定食罐和水罐。画眉笼的式样很多，适合于饲养各种体形大小与画眉相近的杂食鸟。

(6) 八哥笼。

八哥笼又称鹩哥笼，是一种大型竹制的圆形鸟笼，其笼壁的竹栏间距比画眉笼可略宽些，因此，这种大型竹笼不宜饲养各种小型鸣禽，如图4-11所示，由于杂食性鸟类的食量大，排便多，故应为亮底，笼底部竹条向上凸起，并设有承接粪便的托盘或底板，底板距底部竹条约5厘米，可以减少鸟粪及残食污染鸟体。笼内设带有黏沙的栖木一根。大而深的食罐、饮水罐各1个，挂在笼内，另设一个杂食罐，装沙子、菜心等物。八哥笼适合饲养八哥、鹩哥、杜鹃红嘴蓝鹊等中体形较大的鸟。

图4-11　八哥笼

二、如何给鸟喂食

给鸟儿喂食的技巧是很重要的。下面有几项好的建议。鸟儿一般喜欢啄食洒在笼底的食物，喜欢温热的料和水。另外，鸟儿一般比较喜欢甜食，喜欢新鲜食物。如果消化不良时，试着给它们喂雏鸟的食物，定能取得很好的效果。

给食虫鸟（大多数鸟都是食虫的）喂活的虫子，会使它们的胃口大开。鸟所摄取的食物的数量和粪便的数量是等量的。注意到鸟笼里的粪便，就会了解鸟儿摄取了多少食物。请记录下鸟儿日常的粪便数量，即摄取的食物数量。粪便的数量变少或体积变小，都要引起重视，这或许是患病的前兆。

下面分别介绍两点注意事项。

1. 幼鸟喂食注意事项

鸟主人一般担心幼鸟饥饿而过量喂食。在自然界中，父母鸟必须轮流外出觅食来哺育雏鸟，所以雏鸟不可能被喂到嗉囊满胀，因此雏鸟的喂食应该采取少量多餐的模式，而且喂食之前，应先确定上一次喂食的食物均已消化完毕，避免旧食物的积留、发酵而造成嗉囊炎。

2. 鹦鹉类喂食注意事项

一般而言，鹦鹉类都喜爱享用葵花子，但只喂葵花子会减少鹦鹉采食的乐趣与能力，并且容易导致营养不均衡，另外，葵花子富含脂质，容易导致肥胖方面的疾病。

三、日常管理

（1）鸟的洗浴。

洗浴不但可以清除笼鸟体表的污垢，而且也是笼鸟的最佳运动之一，可在洗浴中增加笼鸟的活力，给玩赏者增添乐趣，对观赏笼鸟健康非常有利。

炎热季节饲养笼鸟，每天洗一次，洗浴时间多选择在下午；春秋季节的干燥天气，可每隔日洗浴一次；寒冷季节在保温环境中饲养的笼鸟，可每隔3~5天，选择阳光充足的时刻，洗浴一次。每次洗浴的时间，需严格控制，体质弱天气凉，则洗浴时间宜短。体质强健的笼鸟，天气较暖，则可适当延长其洗浴时间，一般每次洗浴3~5分钟，最长10~15分钟。冬季洗浴后需增加环境温度，促使羽毛速干为宜。尤以小型鸣禽，有时可因洗浴后受寒从而死亡。

（2）鸟笼的清洗。

鸟笼最好天天清洗，或至少一周一次才不容易孳生细菌。以下介绍鸟笼的清理与消毒方式。

先用水把笼子淋湿，软化粪便，一会儿再用刷子稍微刷一下，然后再用水冲一冲，就干净了。清洗整个鸟笼包括栖杆、玩具、饲料槽、水槽等所有的器具。尽量只用清水冲刷，如果用稀释过的中性洗洁精，注意一定要大量清水冲洗掉所有的泡沫，冲凉后进行曝晒，或用吹风机吹干。

(3) 鸟笼的消毒。

消毒是为了消灭由传染源散布在外界环境中的病原微生物，切断传播途径，保证观赏鸟的健康。

① 如前所述，以清水和刷子把鸟儿冲刷干净，再拿到太阳下曝晒即可。若使用热水来清洗鸟笼的话，消毒效果更好。

② 稀释的漂白水：建议使用成分为次氯酸钠的漂白水，要稀释到浓度为2%~5%，才是安全的范围。漂白水有刺鼻的味道，以漂白水清洁笼子的时候，必须把鸟儿移开。以漂白水清洁一次笼子之后，还要以清水冲洗数遍之后，才能让鸟儿住进笼子内。

③ 稀释的酒精：酒精消毒以70%~75%最有效，等挥发完毕或用清水冲过之后再把鸟儿移入。酒精一样有刺鼻的味道，必须避免鸟儿闻到此种气味，否则会有不良影响。

④ 稀释优碘：优碘分有清洁用的和消毒伤口用的，清洁用的会起泡沫，可以直接拿来清洗鸟笼，至于消毒伤口用的则要稀释后使用。无论是在气味或安全性上，优碘都比漂白水或酒精更好。

第三节　家养观赏鸟常见病防治

鸟类也会因为饮食不当、天气变化、洗澡着凉、温度和湿度的变化而生病，所以作为家政服务人员，我们也应该掌握一些基本鸟类用药与疾病防治的知识，这样当鸟有不正常行为时我们可以作出基本的判断，及早采取措施。

一、鸟类常见病

1. 新城疫
新城疫是由新城疫病毒引起禽的一种急性、热性、败血性和高度接触性传染病。

危害鸟类：鹦鹉、金丝雀、文鸟、黄鹂、黄雀、八哥、画眉、绣眼、交嘴雀、黑头腊嘴雀、红点颏和五彩文鸟等。

2. 禽流感
禽流感是由禽流感病毒所引起的一种主要流行于鸡群中的烈性传染病。

危害鸟类：八哥、虎皮鹦鹉、麻雀、鹩哥和织布鸟等。

3. 白痢病
白痢病是由白痢沙门氏菌引起的一种传染病。

危害鸟类：金丝雀、百灵、画眉、绣眼、鹦鹉和织布鸟等。

4. 副伤寒
急性副伤寒病多见于幼鸟，慢性型多发生于成年鸟，急性病例常在孵化后数天内死亡。

危害鸟类：鸽子、鹩哥、鹦鹉、金丝雀、黄雀、啄木鸟、燕八哥和灰文鸟等。

5. 葡萄球菌病
葡萄球菌病是由金黄色葡萄球菌所致。本菌对冷、热、干燥环境的抵抗力较强，在60℃的湿热条件下可存活30~60分钟。

危害鸟类：虎皮鹦鹉、燕雀、画眉、白玉鸟、文鸟和丹顶鹤等。

6. 支原体病

支原体病又称霉形体病或慢性呼吸道病，是一种接触性慢性呼吸道传染病。

危害鸟类：鹦鹉、鸽、斑鸠、腊嘴、绣眼、织布鸟、画眉和文鸟等。

7. 衣原体病

衣原体病是一种能由禽类传染给人的疾病，又称鸟疫、鹦鹉热。是一种由于人类接触病鸟而发生的疾病。

危害鸟类：多种野生鸟、观赏鸟及家禽都能感染衣原体病。

8. 念珠菌病

念珠菌病是曲白色念珠菌引起的一种传染性疾病，本病是人和鸟类共患病。

危害鸟类：所有鸟类。

9. 球虫病

球虫病是一种寄生虫病，可以感染几乎所有的鸟类，发病率和死亡率都很高。

危害鸟类：所有鸟类。

二、鸟病常用药物

（1）土霉素：抗菌谱广，对霍乱、沙门氏菌、大肠杆菌、衣原体等均有疗效。

（2）四环素：抗菌作用与土霉素相似，但对一般细菌的作用稍强于土霉素，特别是对大肠杆菌和变形杆菌效果更好。

（3）复方新诺明：对葡萄球菌、大肠杆菌和多杀性巴氏杆菌作用较好。

（4）痢特灵：对沙门氏菌、球虫病、大肠杆菌性肠炎有较好疗效，应用较普遍。

（5）制霉菌素：对各种真菌都有抑杀作用，常用于治疗曲霉素菌病、白色念珠菌病和冠藓等真菌病。

思考题

1. 列举常见的几种家养观赏鸟。
2. 给鸟喂食应注意些什么？
3. 怎样给鸟笼清洗与消毒？

第五章 其他宠物的饲养

 本章内容概要

本章将对部分不常见宠物的相关知识进行系统讲述,以便家政服务员在提供相应服务过程中能够参照施行。本章涉及的不常见宠物主要包括龟、鼠、兔等三大类。本章主要介绍这三类宠物在家庭饲养中的常见种类、饲养方法、需要注意的问题等。

 **本章学习要求**

内　容	应知程度	应会程度
龟	☆☆☆	
鼠		☆☆☆☆☆
兔	☆☆☆	

第一节 龟

一、宠物龟的常见种类介绍

1. 红耳龟

红耳龟其头顶后部两侧有 2 对红色粗条纹，故得名，如图 5-1 所示。红耳龟性情活泼，对水声、震动反应灵敏，一旦受惊则潜入水中。喜栖于清澈水塘，中午时喜趴在岸边晒壳，其余时间漂浮在水面休息或在水中游荡。红耳龟活动随环境温度的变化而变化，最适温度为 20~32℃，11℃以下冬眠，6℃以下为深度冬眠。

2. 锦龟

锦龟中文俗名"火焰龟"。背甲深灰，缘盾上具红色弯曲条纹；腹甲淡黄；头侧具数条淡黄色条纹，并延伸到颈部；四肢深绿，具淡黄色条纹，前肢 5 爪，后肢 4 爪；尾短，如图 5-2 所示。

图 5-1 红耳龟

图 5-2 锦龟

3. 黄腹彩龟

黄腹彩龟中文俗名"黄耳龟"、"彩龟"，如图 5-3 所示。肋盾上有黄色条纹；眼后具明显黄色斑块；雌性和幼体背甲下缘及腹甲为黄色，每个缘盾的后部有暗灰色环形斑；雄性多为灰黑，眼后黄色斑也较小；前腿具黄色细纹。

4. 缅甸孔雀龟

缅甸孔雀龟背甲 20~25 厘米，如图 5-4 所示。幼龟的背甲高耸，随着年龄增大才逐渐平缓。雌雄的分辨比较不易，雄龟背甲边缘比较突出而翘起，腹甲较狭长，泄殖孔距腹甲下缘较远，雌龟背甲较浑圆，腹甲叶较宽大，泄殖孔距腹甲下缘较近。

图 5-3 黄腹彩龟

图 5-4 缅甸孔雀龟

5. 乌龟

乌龟中文俗名"草龟"、"墨龟"，如图 5-5 所示。成体长 20 厘米左右，雄性背甲近黑，雌性背甲棕褐；背较平，有 3 条纵棱；腹甲棕黄，雄性略深，各盾片有黑褐色大斑块；吻短，头侧及喉部有暗色镶边的黄纹及黄斑，并向后延伸到颈部，指（趾）间全蹼，具爪；尾较短小。

6. 缅甸陆龟

图 5-5 乌龟

缅甸陆龟中文俗名"陆龟"、"象龟"、"黄头象龟"和"缅甸陆龟"，如图 5-6 所示。头部呈淡黄色，顶部有排列对称的大鳞，吻钝，上喙略勾曲，鼻孔处为粉红色或淡黄色。背甲高隆，前后缘不呈锯齿状。每块盾片中央有大黑斑块，腹甲前缘较厚，后部缺刻较深。四肢呈圆柱形。表面有大块鳞片，呈灰褐色，趾、指间无蹼。

7. 红腿象龟

红腿象龟背甲黑褐色,各盾片中央为黄色,前后缘不具锯齿;腹甲淡黄,中央有小块黑斑;四肢褐色,鳞片为鲜红色,前肢5爪,后肢4爪,尾短,淡黄色,喜食蔬果或多肉型植物,如图5-7所示。

图5-6 缅甸陆龟

图5-7 红腿象龟

8. 黄缘盒龟

黄缘盒龟背甲高隆,体背棕红,脊棱明显,淡黄色;腹甲平,前后二叶以韧带相连,闭合于背甲;头背橄榄绿色,背甲外侧缘、缘盾腹面及腹甲外缘黄色;四肢略扁,指(趾)间微蹼,尾短,如图5-8所示。

9. 粗颈龟

粗颈龟幼体背甲上3条脊棱(成体只有1条脊棱),背甲的后部还有锯齿状边缘。成年雄性可通过相对更长更粗的尾部来辨别,且腹甲稍显凹陷。成年雌性保留有浅色的头部斑点,而雄性的这些斑点会随着年龄增长逐渐褪去,如图5-9所示。

图5-8 黄缘盒龟

图5-9 粗颈龟

二、宠物龟的饲养

1. 饲养场地的选择

在人工饲养下，许多龟较易受外界扰动而惊恐不安。对笼子的合理设计和提供给龟隐蔽的生活空间，可减少这些影响。许多陆生龟需要隐蔽的空间，可设置盒子、树桩、石块或其他设施。饲养龟可在室外建池，也可在室内利用洗浴缸或玻璃缸饲养。室外建池的优点是面积大，空气新鲜，阳光充沛，可以得到与野外相似的自然条件，适宜饲养200克左右的龟。室内饲养，面积有限，龟爬动受到约束，阳光和空气不如室外，不利于它的生长。室内饲养设备面积小，形状自选，美观，可增添室内气氛。

一般重100克左右的龟，其活动面积仅为0.5平方米，池的高度可按饲养龟体长的2~3倍来设计。池壁四周光滑，防止龟逃跑，若池的高度不够，可在池的四周边缘加固翻檐铁丝网。池内的布置，对某些龟可在离箱底20厘米玻璃墙上漆上浓密的黑边，这样会使它们觉得更安全。龟笼的底衬可以放上沙子、盆栽土和树叶，对许多龟来说这都是合适的垫料。许多海龟能养在沙砾和水泥的混合物的垫料上。龟的水生和陆生的环境设备应当能够拆卸，至少每6个月消毒1次。

作为观赏型龟饲养，一般可采用陶缸、瓷缸等。在直径为20厘米、高15厘米的器皿中，饲养两三只100克左右的龟较为适宜。饲养多了，水质易污染，且易发生争食现象。如果是同时饲养好几只龟，应设几个取暖、采食、饮水的地点，而且各点之间最好是都在龟的视线之外。这样可以避免过度拥挤，减少争食、抢水或取暖位置等现象的发生。对于平胸龟来说，只能每缸养1只，以防互相咬斗，引起外伤。龟并不是长期生活在水中，它时常需要爬上陆地，因此，在缸内置些石块，以便龟自由攀登。

2. 养龟必需品

（1）网兜：可用纱布或尼龙布做成圆形或长方形的兜。用来日常打捞龟粪便或吃剩的残饵。

（2）塑料管：准备1根长1米左右，直径为0.5~1厘米的塑料管，用来抽吸缸底污物等。

(3) 温度计、温度表：玻璃仪器商店有售，一般购 0~50℃ 范围内的水温表，用做测量水温和气温。

(4) 卫生刷：家用清洗卫生间的球形带柄刷，用来清洗水池和饲养缸。

(5) 消毒液：可用每升 20 毫克的高锰酸钾或适当浓度的"84"消毒液。

(6) 饲料盆：可用饭盒盖或其他陶瓷浅盆代替。

(7) 饮水器：由于陆龟不能长期生活在水中，故应配置饮水盆 1 个，一般可采用陶瓷浅水盆，以高 0.5 厘米左右为宜。

3. 饲料的选择

饲料是龟的营养源泉。龟为了维持其生命活动，必须从体外摄取各种必需的营养物质，以保证新陈代谢的正常进行。因此，合理、经济地利用各种饲料，是保证龟正常的生长、发育、繁殖及存活的物质基础。所以说，选择龟饲料尤为重要。饲料按其来源，一般可分为动物性、植物性、矿物性 3 种饲料。

(1) 动物性饲料。

此类饲料包括肉类、鱼类、虾类和家禽的内脏等，以及其他活的动物。龟喜爱食瘦猪肉、鱼肉、虾肉和家禽的内脏等。喂前应将硬的外壳、头、刺等锋利物剔除干净，以防划破龟的口腔、食管或肠胃。此外，按龟体型的大小，将食物切成条、块状。因为过大的食物块一不利于入口，二不利于消化。

(2) 植物性饲料。

包括各种蔬菜、瓜果、草类等。植物含丰富的多种维生素，是龟不可缺少的营养物质。但不是所有的植物龟都爱吃，如梨、山芋等龟不爱吃。龟一般喜欢吃苹果、香蕉、番茄、青菜叶和浮萍等。投喂食物前，应将食物洗净并进行消毒方可投喂。苹果、番茄等应切成小块状或小片形，便于龟啃咬。

(3) 矿物性饲料。

近几年，由于龟养殖业的兴起，一些动物饲料厂采用骨粉、鱼粉、微量元素混合剂等研制出专供龟食用的混合饲料。这类混合饲料营养元素较丰富，长期投喂，不会引起营养不良疾病。从饲料厂购买的混合饲料，必须经过加工才能投喂。投喂前，用水和植物油将粉状的饲料制成颗粒状，然后直接投入水中。初次投喂时，需观察龟的吃食情况。残剩的饵料应立即捞净，否则，2~3 小时后饵料溶化散开污染水质。

第二节 鼠

一、常见宠物鼠的种类

1. 龙猫

龙猫中文学名叫栗鼠或绒鼠，又名毛丝鼠，是一种史前已存在的啮齿类动物，如图5-10所示。它的寿命平均为8~10年，最长可达20年；性格活泼、好动，喜欢跳来跳去，又富好奇心，由于龙猫仔干净、温驯、易打理又无虱，可说是城市人的理想宠物。野生龙猫生活在南美洲安第斯山脉，位于智利、阿根廷、玻利维亚、秘鲁境内海拔500~1 200米的岩缝、岩洞及灌木等极地气候的环境中。龙猫外形与兔和松鼠十分相似，体形小而肥胖，头部似兔，尾巴似松鼠。成年龙猫体重在450~700克（雌的较雄的大些），尾长10~14厘米。初生幼仔体重50克左

图5-10　龙猫

右。龙猫有一双大而亮的眼睛，鼻侧长有许多长短不一的胡须，触觉灵敏。耳朵大而薄，钝圆形。前肢短小，有5趾，后肢强壮，有4趾，善于跳跃。龙猫背部和两侧毛呈灰蓝色（还有其他一些人工培育的颜色），腹部渐淡至白色，体毛分布均匀。颜色可分为17种，常见的主色有灰色、米色、金色、啡色和白色。龙猫的类种可分为以下3种：（1）短尾龙猫，野生的差不多已绝种。(2) 皇帝龙猫，有40厘米长，数百年前已绝种。(3) 长尾龙猫，人工繁殖出来的龙猫仔绝大多数都属于此类，野生的亦几乎绝迹了。

2. 仓鼠

仓鼠的脸颊有皮囊，可像仓库一样储存食物，等走到安全的地方再吐出来，因而得名。仓鼠中体型最小的，是俗称的"老公公鼠"，成年时身长7~10厘米、

体重15~30克；最大的是黄金仓鼠；最容易饲养和亲近的是加卡利亚仓鼠，毛色深灰，背上有一条黑线，腹毛白色，如图5-11所示。因为体型小、占空间不大，其食物、器材都比其他许多动物花费得少，因此对于忙碌的现代人很有吸引力，购买者以小孩和年轻白领为主。

"老公公鼠"　　　　　　黄金鼠　　　　　　加卡利亚仓鼠

图5-11　仓鼠

3. 日本飞鼠

日本飞鼠俗名"日本小鼯鼠"、"日本小飞鼠"、"虾夷小飞鼠"、"飞天鼠"和"鼯鼠"。日本飞鼠多栖息于日本北海道、四国和九州的高山密林中，是夜行性动物，长有一双特有的大眼睛，因而适合其夜间活动，是最适合"夜猫子"饲食的宠物。日本飞鼠体重100~150克，身长15厘米左右，尾长12厘米左右。日本飞鼠是以植物为主的杂食性动物，平时以水果及松鼠的人工饲料为主食，偶尔喂食一些动物性食物，如图5-12所示。

图5-12　日本飞鼠

4. 豚鼠

豚鼠俗名"荷兰猪"、"天竺鼠"、"海猪"和"彩豚"，分布于南美洲哥伦比亚至圭亚那一带，如图5-13所示。豚鼠机灵、活泼、温顺，肥胖可爱，胆小易惊，有时发出吱吱的尖叫声，喜干燥清洁的生活环境。它们爱吃、爱睡、爱繁殖，这是它们与猪相似的地方。体重1~1.5千克；身长20~30厘米，以杂草为主食，青草、菜叶等它都喜欢吃，配上点精饲料可让豚鼠增重快一半。冬季可将玉米秆、麦秆、稻草、花生秧等粉碎加点麸皮进行喂食，即可满足豚鼠生长的需要。

5. 花鼠

花鼠俗名"五道眉"、"花黎棒"、"花仡伶"，分布于亚洲东北部、北海道，一般白天活动，冬季冬眠，如图5-14所示。花鼠善爬树，洞穴一般作于岩石缝、树洞、石洞中，越冬时在洞穴中冬眠。花鼠栖息于山区及平原针叶林、阔叶林等树林、灌丛等植被丰富区及林缘地带、沟壑、梯田中。身长11~15厘米，尾长12厘米左右。花鼠属于以植物为主的杂食性动物，主要食物包括各类坚果、豆类及草本植物、农作物种子，亦食昆虫及植物的绿色部分。

图5-13 豚鼠

图5-14 花鼠

二、宠物鼠的饲养

1. 饲养环境

最适宜饲养温度20~28℃，饲养场所应避免阳光直射或直接被大风吹到，但要注意通风透气，不要离电视、音响、电脑太近，应避免辐射和嘈杂。宠物鼠可听到人类听不到的声音。

夏季最好不开空调，因为外出时关空调，进屋又开空调会使屋内温差过大，宠物鼠对温度很敏感，容易感冒。

冬季不要将宠物鼠放在室外，宠物鼠会因为太冷而冬眠。饲养场所多铺木屑等垫材，为宠物鼠配置木制或草制小屋用于保暖，或多给一些餐巾纸让宠物鼠自己做窝，最简单的方法是把笼子整个放进纸箱或塑料箱内，但要注意透气。

2. 基本用品

鼠笼：铁丝网笼子是鼠笼子中最常见又最便宜的，笼子中备有转轮梯、水樽等一应俱全，清洗很方便，也很适合夏天使用，唯一坏处是容易生锈和冬天用时保温作用比较差。

食盆：大多数笼子中都自带食盆。如果需要自己选购，只要是不容易打翻，且边缘不要太高的小容器都可。常用的容器有玻璃烟缸、酱油碟子、各类小碗、微波炉盒子等。

饮水器：大多数笼子中都自带饮水器，DIY 时也最好装一个，因为宠物鼠是需要喝水的。饮水器的一般设计前端有不锈钢珠，购买时注意测试是否漏水。千万不要直接拿个碗盛水，因为宠物鼠喝水时会弄湿毛，或进去游泳，容易着凉生病；实在没有就多给宠物鼠喂些蔬菜和水果。

厕所：一般的塑料盒子装上猫沙就是比较简易的厕所了，每天取出结块的猫沙或全部换掉。

沐浴房：有些宠物鼠会在厕所里用猫沙沐浴，虽然不卫生，但这是宠物鼠的喜好，此时就不再需要沐浴房了，但有些宠物鼠很爱干净，主人就应该给它买个沐浴房，放上沐浴沙让宠物鼠尽情地翻滚、打洞玩。沐浴沙要选用消过毒的，也可自己将细沙洗净，放微波炉里消毒烘干，混合爽身粉做成浴砂使用。最好别直接使用爽身粉，因为刺激性太强，还容易弄伤宠物鼠的眼睛。

跑轮：大多数笼子中都自带跑轮，因为野生宠物鼠一天要跑 20 公里，所以适量的运动对宠物鼠来说是非常重要的，没有足量的运动，宠物鼠会压力过大而出现互相打架、咬笼子等行为。所以细心的主人应该给宠物鼠一个跑轮。同时，由于现在宠物鼠的营养都非常好，宠物鼠往往过度肥胖，容易使宠物鼠得上心血管疾病，所以需要让宠物鼠进行适量地运动。购买时要注意，应该选择无缝隙的跑轮，否则宠物鼠容易受伤。

木屑：作为鼠笼的垫材，很多材料都可选用，但大多数人都会选用木屑，因为它比较干净又容易得到。使用纸质垫材时要注意，不要选用印刷过的纸张，油墨是有毒的，宠物鼠会中毒。

磨牙石，磨牙棒：宠物鼠的牙齿会不断生长，所以需要用磨牙棒来磨掉过长的牙齿。

小屋：小屋有陶瓷的、木制的、草制的、塑料的，宠物鼠是爱打洞居住的动物，有条件的应该给宠物鼠配个小屋。

3. 喂食

（1）可食性食物。

蔬菜类：青菜类（如青江菜）、红萝卜、番瓜（绿黄色蔬菜为佳）。

种子类：葵花子、花生、核桃、松子（不要给太多）。

水果类：苹果、草莓、樱桃、香蕉和葡萄（因糖分很多不要给太多）。

谷物类：鸡的饲料、鸠的饲料、小鸟用饲料、小麦、玉米和小米。

植物类：三叶草、蒲公英、葛类、车前草。

动物性蛋白：牛肉、鸡肉、水煮蛋的蛋白、起司、牛奶、优酪乳、小虫和宠物用小鱼干。

（2）不可吃的食物。

宠物鼠虽然是杂食性的动物，但仍有一些东西是不能吃的，如果不慎吃到，轻则拉肚子，重则丧命。

宠物鼠不可吃的食物有：辣椒、青椒、葱、蒜、姜、韭菜和桃、李、苹果等的内核。

第三节 兔

一、宠物兔的种类

1. 中国白兔

中国白兔是我国劳动人民经过长期培育成的一个优良品种，分布于全国各地，因大多数为白色，故称中国大白兔，如图5-15所示。中国大白兔系皮肉兼用兔品种，主要供肉用，故亦称"菜兔"。中国白兔体型偏小而结构紧凑，皮板较厚，头清秀，耳短小直立，眼为红色，嘴较尖。

2. 狮子头兔

狮子头兔原产地为荷兰、美国，面圆身圆，扁鼻，前脚长，耳朵比较宽，像三角形，如图5-16所示。此外，狮子头兔颈部、脸颊、头顶的毛发较长（呈"V"字的围住颈部），像雄狮的鬃毛一样，有纯白色、野鼠色、棕色、白底黑斑等色调，因此又叫做狮子头兔。狮子头兔毛多而比较难打理，是很多女生喜欢的兔子。

图5-15 中国白兔

图5-16 狮子头兔

3. 安哥拉兔

安哥拉兔有4个品种，以英国安哥拉兔最受欢迎，其余分别是法国安哥拉、缎毛安哥拉和巨型安哥拉兔，如图5-17所示。

（1）巨型安哥拉兔，原产地美国，体重约4千克，在安哥拉兔中，它的体形最大，全身（除面部外）毛多而厚，长5~10厘米，耳朵则长有流苏，不会换毛，故需要修剪。

（2）法国安哥拉兔，原产法国，体重约3千克，身体呈椭圆形，除面部和脚爪外，全身的毛长6~9厘米，毛质较其他安哥拉兔粗糙（较不易打结），毛多种颜色，如黑、蓝、白、浅紫、铜铁色、乳白等。

（3）英国安哥拉兔，原产土耳其，体重约2千克，安哥拉兔中以它最小，身形圆圆的，全身（包括面、耳、脚）长满毛，质地如丝绸，需要常常打理，性格温顺可爱，毛多种颜色，如白、黑、灰、金黄色、蓝、朱古力、深褐色和浅紫色等。

（4）缎毛安哥拉兔，原产加拿大，体重约3.5千克，毛质柔软如丝，和其他安哥拉兔相比，毛的数量较少但更有光泽，毛长约8厘米，毛多种颜色，如黑、蓝、浅紫、奶油等。

英国安哥拉兔　　　　　　　　法国安哥拉兔

缎毛安哥拉兔　　　　　　　　巨型安哥拉兔

图5-17　安哥拉兔

4. 荷兰侏儒兔

荷兰侏儒兔原产地荷兰，性格活泼，双竖耳朵比较短（5厘米长左右），没有肉垂，头部圆阔、眼睛大而明亮，鼻扁、短毛，身形矮胖，体重小于1.2千克，毛色多种，有黑、蓝、朱古力、浅紫、白毛（包括红眼和蓝眼）等，如图5-18所示。

图5-18　荷兰侏儒兔

二、宠物兔的饲养

1. 兔笼的布置

一般说来，一个边长50~60厘米的笼子，可以养1~2只兔子，如图5-19所示。市面所售的松鼠笼、大型的鸟笼、猫用的笼子都可。自己制作笼子时，应选择足够坚硬的木材为材料，以免被咬断。兔笼尽量不要用网底，最好在笼底放软垫或软布，因为兔子后脚天生有个感应软枕，用作侦察敌人来袭。长期屈站在笼底上，会令兔子脚板生出肉粒，脚形亦会变成八字脚。另外，兔子会在笼的四角任择其一，选做厕所位，而对角就是睡眠的床位，在床位放置软布。铺木糠用作吸尿，同时使掉下的兔毛不会四处扬起。木糠要经常更换，否则兔子很易患上皮肤病，例如脚趾脱毛、起茧等。兔厕所上最好放上木糠。

图5-19　兔笼

要训练它用厕所，最好是当它大便时，立即抱到厕所内，它以后就知道到何处"方便"。

2. 宠物兔的喂养

每天要给兔兔配齐足够营养的多种蔬菜也不容易，所以还是购买现成的专用兔粮喂养比较方便。专用兔食中的营养配方十分全面，只要再适当加一些青草、蔬菜和水果就可以了。专用兔食多数是含有除臭功能的物质，那样你的兔兔即使养在卧室里你也不会觉得有什么异味。另外还专门有售供兔子磨牙的硬质食物，可防止兔牙长得过长。

3. 兔子喜欢的食物包括如下几种：

蔬菜：胡萝卜、红薯、洋白菜（卷心菜）、黄瓜、萝卜叶子、南瓜和青菜。喂食蔬菜时必须洗净后沥干水再喂。

水果：橘子、香蕉、葡萄、苹果和草莓。喂食水果时要适当减少兔子的饮水量，以调节水分的吸收。

青草：荠菜、车前草、蒲公英、鹅肠菜。

其他食物：豆腐渣、面包。

4. 日常护理

（1）梳毛。

兔兔每天都花很多时间舔自己的全身，但也因此把许多毛吞入肚中，一旦食入过多，会堵塞肠道，造成肠道蠕动缓慢而导致毛球病（尤其好发于换毛季节）。梳毛周期：通常为一周一次，到换毛季节，当你发现梳下的毛比往日要多，即说明兔兔换毛开始了，可增加为一周两次、三次……甚至每天。成年兔的换毛季节是春秋季节，而幼兔的换毛比较频繁。

（2）修剪指甲。

兔兔的指甲是无限生长的，野兔频于奔跑，还要挖洞筑巢，自然就磨掉了，但我们的宠物兔显然不需要这么辛苦了，指甲过长容易折断出血，那就需要我们辛苦些，帮它们定期修指甲了。修剪方法：通常需要两个人，一人抱兔兔，另一人一手握它的小爪，一手操剪刀。特别要注意修剪分寸，兔兔指甲的构造跟猫狗是一样的，内中有血管，一定不可以剪到血管！在血管前为它再留1.5~2毫米白色部分，其余剪掉。深色毛的兔兔指甲也会是深色，因而看不清血管（放太阳光下或许能看到），那就每次只能剪一点点。修剪周期：注意观察，可根据兔兔指甲生长的情况来定，最少一月一次。

（3）定期（或时常）检查耳朵。

定期检查兔耳朵的内侧外耳部分（内耳道绝对不可以碰，也不可以让任何异物掉入），这部分是兔兔唯一自己清理不到的。若发现该兔兔外耳的内侧部分容易起污垢则需定期擦，通常用棉球沾清水轻擦即可。注意：绝不可让水进入耳道，湿棉球的水要挤干，绝不可自作聪明使用酒精棉、双氧水等物。外耳内侧部分起皮屑或硬壳样物那是有病了，需要看病用药。

 思考题

1. 龟的饲料选择上应注意哪些问题？
2. 宠物鼠有哪些可食性食物？
3. 宠物兔有哪些喜欢的食物？

第六章 家庭花卉养护

 本章内容概要

通过本章的学习,使家政服务员了解家庭花卉养护的基本知识,以便能很好地掌握家庭观叶和观花花卉的名称和习性,能够正确地从光照、浇水、施肥等方面养护家庭的花卉。并且能够了解家庭插花的步骤和方法,运用适当的花材做出与环境相适应的插花。

 **本章内容学习要求**

内 容	应知程度	应会程度
家庭常见观叶花卉的名称	☆☆	
家庭常见观叶花卉的养护		☆☆☆☆☆
家庭常见观叶花卉的摆放常识		☆☆☆
家庭常见观花花卉的名称	☆☆	
家庭常见观花花卉的养护		☆☆☆☆☆
家庭常见观花花卉的摆放常识		☆☆☆
家庭插花知识	☆☆	☆☆☆

由于家庭养护的花卉各不相同,下面我们只简单介绍几种家庭常见的观叶花卉和观花花卉及其养护、摆放的常识。并结合这些常识对家庭插花技艺进行简单地介绍。

第一节　家庭常见观叶花卉及养护

观叶花卉是指以叶片的形状、色泽和质地为主要观赏对象，具有较强的耐阴性，适宜在室内条件下较长时间陈设和观赏的植物。家庭摆放观叶花卉不仅可以增添自然气息，美化生活环境，使人赏心悦目，情趣盎然，而且还能净化空气，减轻污染，有利于身心健康。

一、巴西木

巴西木又称香龙血树、香千年木。叶簇生于茎干顶端，弯曲成弓形，鲜绿色，有光泽，株形优美、规整，如图6-1所示。

巴西木喜温暖的环境，一般温室栽培生长良好，越冬最低温度12℃。

巴西木喜半荫和较强的光线。夏季可以放在遮阴量50%~60%的荫棚下；冬季移入温室内，不必遮光。

经常保持巴西木盆中有充足的水分，可以经常向叶面喷水，但不能积水。冬季温度低，可以减少浇水，但不能过干。

通常2~3年换盆一次，生长时期每2周左右施1次液体肥料。

图6-1　巴西木

二、富贵竹

富贵竹粗生粗长，茎杆挺拔，叶色浓绿，冬夏长青，不论盘栽、剪取茎秆瓶插，均显得疏挺高洁，茎叶纤秀，柔美优雅，姿态潇洒，富有竹韵，观赏价值特高，如图6-2所示。

富贵竹喜欢散射光，不能强光直射。平时摆放在具有明亮散射光的东面或北面墙口附近培养就可以了。

一般放在容器里进行水养。

富贵竹生根后要及时施入少量复合化肥，春秋两季每月施1次复合肥。水养富贵竹不要施化肥，最好每隔3周左右向瓶内注入几滴白兰地酒，加小量的营养液，即能使叶片保持翠绿。

图6-2 富贵竹

三、虎尾兰

图6-3 虎尾兰

虎尾兰，又叫做虎皮兰，变种有金边虎尾兰、银脉虎尾兰。下部叶片呈筒形，中上部扁平，叶片像剑一样直立，表面乳白色、淡黄色、深绿色相间，还带有横向的斑纹，如图6-3所示。

虎尾兰比较喜欢阳光，但不要光线太强，一般放置于阴处或半阴处。冬季温度也不能长时间低于10℃，否则根部会发生腐烂。

浇水要适中，不可太湿。春秋季应充分浇水。冬季要控制浇水，保持土壤干燥，浇水不浇入叶簇内，切忌积水。

在生长盛期，每月可施1~2次肥，施肥量要少。也可以在盆边土壤内均匀地埋3穴熟黄豆，每穴7~10粒，注意不要与根接触，从11月至翌年3月停止施肥。

四、发财树

发财树树姿优雅，树干苍劲、古朴，车轮状的绿叶转射平展，枝叶潇洒婆娑，观赏价值高，如图6-4所示。

发财树适应性强，喜光又耐阴。在室内可以置放于有

图6-4 发财树

一定散射光处。

保持盆土湿润，不干不浇，排水要畅通，宁干勿湿，但空气干燥时还需适当喷水，保持叶片油绿而有光泽。

一般不必施肥，但每1~2个月可以少量施点复合肥。冬季要温暖避光越冬。春季应该修剪枝叶1次，促使枝叶更新。

五、散尾葵

散尾葵的茎干光滑，黄绿色，无毛刺，嫩时披蜡粉，上有明显叶痕，呈环纹状。叶面滑细长，羽状复叶，全裂，叶柄稍弯曲，先端柔软；裂片条状披针形，基部多分蘖，呈丛生状生长，如图6-5所示。

散尾葵对光线要求不严，喜欢阳光充足，也耐半荫，但光照充足时生长得更好。

平时要保持土壤湿润，表土一干就要浇水，冬天可等到盆土2/3干时再进行浇水。天气干燥期间宜向叶面进行喷水。

图6-5 散尾葵

春夏秋每个月施一次以氮肥为主的复合肥。另外放在室内盆栽，需要有规律地旋转花盆，使植物四周生长均匀美观。

六、家庭观叶花卉的摆放常识

1. 根据房间的大小选择花卉

一般说来，大房间和门厅绿化应以摆放大型观叶花卉为主，辅以在某些特定位置，如桌面、柜顶和天棚吊顶等处点缀小型盆栽花卉或悬垂花卉，如图6-6所示。大型观叶花卉如南洋杉、鱼尾葵、散尾葵等，这些品种枝叶舒展，姿态潇洒；而绿萝、发财树、巴西木等，各具特色，名称吉利，均宜摆

图6-6 大房间的植物布置

放；悬吊数盆绿萝、吊兰、常春藤等，可使房间显得明快，富有自然气息。若房间面积较小，则宜选择娇小玲珑、姿态优美的小型观叶花卉，如文竹、袖珍椰子、小发财树等，或置于案头，或摆放窗前，使之与房间的大小协调，充分显示出室内观叶花卉装饰的艺术魅力。

图 6-7 客厅布置

2. 根据房间的特点选择花卉

客厅是接待客人和日常起居之地，活动时间较长，观叶花卉的摆放应美观大方，使人有温馨愉悦、盛情迎客之感。因此，可先在墙角放置苏铁、棕竹等大中型观叶花卉，或席地而放，或置于几架上，显示庄重幽雅，具有四季常青的效果；再根据空间的大小在沙发旁选放株型稍大的散尾葵、鱼尾葵等，使人坐在沙发上犹如置身于大自然怀抱之中，如图 6-7 所示。茶几和桌面上可放小型盆栽花卉如金边富贵竹等。最后还可在墙边和窗户旁悬挂吊兰、绿萝、常春藤等悬垂花卉，以形成多种空间层次，使客厅更添情趣。书房要营造宁静、清新、高雅的氛围，在写字台放置一盆叶形秀丽、体态轻盈、格调高雅的文竹，书架顶端可放一盆悬垂的常青藤或绿萝，再在适当位置点缀一盆精巧的微型盆景或一瓶清雅脱俗的插花，使整个书房显得文雅洁净。卧室要突出温馨和谐、宁静舒适的特点，所以宜选择色彩柔和、形态优美的观叶花卉作为装饰材料，使人进入卧室顿感精神舒畅、轻松，有利于休息睡眠。

第二节 家庭常见观花花卉及养护

家里养花不仅能达到美观的效果，更加有利于人体的健康，那究竟哪些花适合在家里养？养花对我们身体有什么好处？养花需要注意些什么呢？下面介绍几种常见的家庭观花花卉及其养护知识。

一、红掌（别名火鹤花）

红掌以其翠叶欲滴，佛焰苞片猩红亮丽，肉穗花序镶金嵌玉的风姿，令人神往。它那热烈、热心、热情、进取向上的意境使人油然欣喜。红掌常年开花，一般植株长到一定时期，每个叶腋处都能抽生花蕾并开花，如图6-8所示。

红掌喜散射光而忌阳光直射，生长阶段可适当增加光照；开花期间对光照要求低。

天然雨水是红掌栽培中最好的水源。应该经常使盆土保持湿润，但开花期应适当减少浇水。

红掌喜肥而忌盐碱，要进行根部施肥，视盆内湿度进行浇水时一并浇施为好。

图6-8 红掌

二、菊花

菊花为多年生宿根草本花卉，株高可达30~100厘米不等，叶子卵圆形，边缘像钝锯齿上一样深裂。菊花色彩丰富，有红、黄、白、墨、紫、绿、橙、粉、棕、雪青和淡绿等，十分艳丽美观，也可以食用、药用。花序大小和形状各有不同，有单瓣，有重瓣；有扁形，有球形；有长絮，有短絮，有平絮和卷絮；

有空心和实心；有挺直的和下垂的，式样繁多，品种复杂，如图6-9所示。

菊花对日照的反应因种类、品种不同而异。秋菊、冬菊为典型的短日照植物，对光的感受比较敏感，但菊株的年龄不同，对短日照的反应也有差异。秋菊在长日照条件下，有利于营养生长；在短日照条件下，则有利于生殖生长。

浇水是养菊的关键。菊花喜湿润，但忌积水。浇水不足，影响生长发育，浇水过多，使枝叶徒长或烂根死亡。故浇水时要做到"干透浇足"，切不能过干过湿，又不可半干半湿。

菊花喜肥，施肥的原则是薄肥多施。如叶片过大，肥厚，色浓绿发黑，是肥料过多的表现，如叶片小，瘦而色黄，是施肥不足的表现。施肥时勿溅污叶片，以免引起脱叶。

图6-9 菊花

三、水仙

水仙多为水养，叶片青翠，花朵秀丽且叶姿秀美，花香浓郁，亭亭玉立，故有"凌波仙子"的雅号，如图6-10所示。

图6-10 水仙

水仙一般为水养。在水养之前，应先剥去鳞茎球外层干枯的褐色鳞片叶，去掉护根泥和基部的褐色朽根（注意不要碰伤白色的新根），洗净表面，直立于无排水孔的浅盆中，四周用小石子固定，使其不倾倒。加清水到鳞茎球的2/3处。刚上盆时，每天换一次晾晒过的自来水，开花前可改为2~3天换一次水。

水仙水养期间，特别要给予充足的光照，白天要放在向阳处，晚间可放在灯光下。这样可防止水仙茎叶徒长，而使水仙叶短宽厚、茁壮，叶色浓绿，花开香浓。

晚上应将盆内的水倒掉，以控制叶片徒长。次日晨再加入清水，注意不要移动鳞茎的方向。刚上盆时，水仙可每日换一次水，以后每2~3天换一次，花苞形成后，每周换一次水。水仙在10~15℃环境下生长良好，约45天即可开花，花期可保持月余。

养水仙不需任何花肥，只用清水即可。如果想推迟花期，可采取降低水温的办法，或者采取傍晚把盆水倒尽，次日清晨，再加清水。此外，如果节前10天看不到饱满花苞，可采用给水加温的方法催花，水温以接近体温为宜。

四、杜鹃花

杜鹃花又名映山红。品种繁多，花色有白、黄、紫、粉、血红和复色等。花形绚丽多姿，如图6-11所示。

杜鹃花喜通风透气，不仅需要光照，还需要遮阴，特别是盛夏酷热，一定要放在荫蔽通风之处。

浇水用自来水最好在缸中存放48小时。高温季节，要随干随浇，午间和傍晚要在地面、叶面、枝干等部位喷水，以降温增湿。

图6-11 杜鹃花

杜鹃花最忌浓肥，豆饼水、麻酱渣，羊、兔粪水腐熟后加水稀释，既安全，效果又好。用洗肉蛋类的水、奶瓶水也可。

五、君子兰

君子兰植株文雅俊秀，有君子风姿，花如兰，而得名。叶片厚大、深绿色，叶形似剑，长可达45厘米，开黄色或橘黄色小花，在花顶端呈伞形排列。可全年开花，以春夏季为主。花、叶都十分美观大方，适合盆栽室内摆设，还有净化空气的作用和药用价值，如图6-12所示。

君子兰属中日照植物，对光照要求不严，但它还是喜欢比较弱的光线，尤其不喜欢强光。

君子兰喜中性水，应将自来水放置1~2天后再使用。对于君子兰小苗来说，最好的方法是用喷壶喷灌。将喷嘴向上往叶子上喷。但是对正在开花的君子兰就不能采用喷灌方式浇水，以防水进入叶鞘造成烂心，对于正处花期的君子兰只能向盆内灌水。总的浇水原则是"间干间湿，不干不浇，干透浇透"。

图6-12　君子兰

君子兰所需的营养元素主要来源于有机肥，像豆饼、花生油饼、动物内脏等。一般情况下，一年内在春秋两季施入即可。

注意：君子兰必须一年换一次土。

六、家庭观花花卉的摆放常识

1. 厨房养花

厨房是居室中空气最污浊的地方，因此需要选择那些生命力顽强、体积小、并且可以净化空气的植物，吊兰、绿萝、仙人球和芦荟都是不错的选择，如图6-13所示。注意：由于厨房的烟尘和蒸汽不利于植物生长，因此最好定期给花草"洗澡"。

图6-13　厨房养花

2. 卫生间养花

耐阴、喜湿的盆栽类最适合布置在卫生间里。洗面台上可以放些小型观叶蕨类或冷水花等；鸡冠花和含烟草能够帮助吸收陶瓷的釉面释放的有害物质；绿萝、月季和君子兰等植物最擅长改善卫生间的空气质量。

3. 相克的花草

有些花草放在一起会相互制约，影响彼此生长，比如玫瑰就不能和木犀草共同生活。另外，虞美人、兰花、紫罗兰和百合也很难和别的花卉"和平相处"。

4. 有毒花草

很多人都知道夹竹桃、黄色杜鹃、一品红和含羞草等植物具有毒性。其实,还有一些花草会影响到特殊人群,比如家中有过敏体质的人应避免摆放月季、紫荆花等;失眠患者最好不要在家中摆放兰花、百合及水仙。

第三节　家庭插花

随着生活水平的提高，人们除了在物质生活上的要求越来越高外，在精神上也开始有了更高的追求。作为一名家政服务员，如果知道一些简单的家庭插花知识，不仅能使自己的工作更富有情趣，也给雇主和自己的生活带来更多的乐趣。

一、家庭插花的常用花材

家庭插花的常用花材有：

（1）线形花材：剑兰、马蹄莲、晚香玉、紫罗兰、银芽柳、蛇鞭菊等，如图 6-14、图 6-15 所示。

图 6-14　剑兰

图 6-15　马蹄莲

（2）块状花材：玫瑰、康乃馨、郁金香、向日葵、非洲菊、荷花、天堂鸟、睡莲、红掌、百合、玉兰、大丽花等，如图 6-16、图 6-17 所示。

图 6-16　百合　　　　　　　　图 6-17　红掌

（3）填充花材：满天星、情人草、小菊类、石松、黄莺等，如图 6-18、图 6-19 所示。

图 6-18　满天星　　　　　　　图 6-19　情人草

（4）叶材：巴西木、龟背竹、鱼尾葵、散尾葵、排草、石松等，如图 6-20 所示。

图 6-20　龟背竹

二、花材的选购知识

选购花材时应注意以下事项：

(1) 花瓣要有弹力，颜色艳。

(2) 花蕾不能太实，否则可能会不开。

(3) 花萼要充实，保证花瓣繁多，花朵才开得灿烂。

(4) 营养充足的花卉叶子青绿、坚挺、繁密而有弹性。

(5) 花茎尾部必须坚硬，没有腐烂迹象或腐臭气味。

(6) 同一种花材最好选有蕾又有大花的，这样插出来的花才能保持较长时间。

(7) 花茎不宜过短，否则可能因长度不够而使插花过于矮小。

三、花材的整修与造型

花材整修与造型的主要原则有：

(1) 顺其自然。

(2) 以主视面为中心，取舍其他枝叶。

(3) 把握不定的，暂时不剪，在插的过程中再根据需要进行修剪。

(4) 一般应剪去的枝条有：

① 病虫害侵染的、干枯发黄的、破损折短的枝叶。

② 过于繁密影响轮廓的枝叶。

③ 妨碍整体姿态的枝叶（平行枝、对称枝、交叉枝、下垂枝等），一般同方向平行的枝条只留一枝，其余剪去；近距离的重叠枝、交叉枝适当剪去，使之轻巧且有变化。

(5) 修剪草本枝条要在节下斜剪。枝条长短看构图需要而定。剪口要求自然，枝条应弯曲自然，线条流畅，避免过密。

四、花材的保养与保鲜技术

要想延长花的寿命,唯一途径是增加鲜花之吸水力。具体方法如下:

(1) 烧灼法:将花梗切口放在火焰上烧灼,待切口不再流浆方能取出,单花梗不能烧焦。

(2) 浸烫法:取一盆热水,水温在80度以上,把花枝的切口插入水中约2厘米,1~2分钟后拿出。此法适合草本植物和枝干质地较嫩的植物。

(3) 剪切枝口:插在水中的花经过2~3天,其枝茎的切口处便附有水中的杂质或沉淀物,从而堵塞花枝组织的毛细管,阻止花枝吸收营养,最好能每天剪切掉1厘米左右长的枝端。

(4) 换水:花瓶相隔2~3天要换水一次,换水要彻底。换水的目的是为了清除旧水中的杂质,增加花枝的吸水能力。

(5) 密糖和维生素:每日换水时可在水中加入2%的密糖或蔗糖,再加1%的维生素A或维生素C。

五、插花的工具和盛器

插花的工具有剪刀、绿胶带、铁丝、钳子等。

插花的盛器依形状分为盆形、盆钵形、筒形、壶形花器,此外还有独特的形状,如双竹筒、薄缘竹筒等;依质材分为铜器、陶器、竹篓、玻璃、木制物等。

六、家庭插花的技巧

插花是将植物材料通过构图造型和色彩配合等手段来表现的。尽管插花的造型千变万化,形态各异,但它大致可分为对称造型和不对称造型两种。

(1) 对称造型:这种造型对称、统一、排列匀称。常见的有球形、半球形、水平形等,应用于餐桌台花、花篮等方面,如图6-21所示。

图 6-21　水平形插花

（2）不对称造型：不对称均衡原则是不对称造型的特点，不对称造型插花外形恰似一杆秤，两边的距离虽有长短，而重心位置始终在插花的盛器中心，因此插花始终能保持平衡。常见的有直立形、L 形、S 形、弯月形等，如图 6-22 至图 6-25 所示。

图 6-22　直立形插花

图 6-23　L 形插花

图 6-24　S 形插花

图 6-25　弯月形插花

插花要与家庭环境及背景色彩相协调，如乳黄色的壁面，水曲柳本色的家具，可选淡蓝或青花瓷瓶（碗），切忌用大红、大绿等耀眼色彩，而花材可选用鲜艳的暖色调，这样与环境色彩相协调，产生鲜明、生动、令人赏心悦目的装饰效果。反之，深色墙面、地面和家具则宜选用淡色植物，以求轻松、舒适，利于消除紧张和疲劳。

 思考题

1. 分类举例说明给花浇水应注意哪些问题？
2. 花卉摆放应注意哪些问题？
3. 家庭插花应遵循哪些基本原则？

第七章　庭院花木养护

本章内容概要

随着生活水平的不断提高，有越来越多的城市居民在庭院中选择种植一些花木来美化环境，陶冶性情。为了更好地帮助家政服务员适应家政工作的发展需要，本章以北京地区为例，挑选北京市民庭院中种植的部分常见花木，并从花木的种植寓意、生长习性、日常养护和病虫防治四个方面简单加以介绍，希望对家政服务员在庭院花木养护方面的工作能起到一定的指导作用。

本章学习要求

内　　容	应知程度	应会程度
北京民间庭院种树的风俗	☆☆	
北京民间常见的家庭观赏树木		☆☆☆☆

第一节 北京民间庭院种树的风俗

北京民间自古以来就有"东种桃柳，西种榆；南种梅枣，北杏梨"、"门前一颗槐，不是招宝，就是进财"、"白兰屋前种，美花香气送"、"向阳石榴红似火，背阴李子酸掉颚"、"中庭种树主分张，门庭种枣喜加祥，庭心种木多闲困，长植庭心主祸殃"等说法，虽说都带有一定的迷信色彩，但是如果从积极的生活态度角度看，在庭院种植树木的时候也是需要综合考虑当地的风俗习惯。

就北京地区而言，民间关于庭院种树的讲究和忌讳有这以下几点：

(1) 树干忌立于门、窗前。

(2) 忌大树下建小屋，易引雷火。

(3) 行道树、绿篱走向忌冲向房宅。

(4) 忌大树遮门窗，不利于通风采光。

(5) 庭荫树立于庭院中心，呈阴压阳地，多避忌。

(6) 忌树形意象不佳的树木在门窗视野处出现，如朽木空心树、痈肿树、藤缠树、歪脖树等。

第二节 北京民间常见的家庭观赏树木

观赏树木是树木中主要用于观赏的木本植物，包括各种乔木、灌木、藤本及竹类。就北京地区而言，经常用于观赏种植的树种有很多，本节挑选了其中几种带有美好寓意的观赏树种加以简要介绍。

一、花椒树

2 500多年前我国第一部诗歌总集《诗经·唐风·椒聊》中，花椒就被赋予了多子多福的美好寓意，如图7-1所示。

1. 生长习性

花椒树喜温、喜光、耐干旱、怕涝和忌风，不耐寒，对土壤适应性强。北京地区适宜栽植在庭院避风向阳、小气候好的地方。

图7-1 花椒树

2. 日常养护

初春土壤解冻后，将花椒树根系周围的土壤深刨30~50厘米，每株施有机肥30千克左右；4月中旬萌芽期、7月下旬采果后，每株各施标准化肥0.4千克。施肥后及时浇一遍透水。夏季在采果的同时要进行修剪，主要对衰弱树剪除部分大枝及病虫枝，秋季再抽去多余的大枝，最后每株保留5~7个主枝，同时适当疏除冠内密集枝，疏枝量一般不超过25%，并缩剪部分弱枝到壮芽处；中庸树的中短枝一般不短截，以疏为主，注意保护顶芽，对长果枝适当短截，保留大芽。

3. 病害防治

花椒树常见的病害有花椒流胶病、根腐病、锈病、落叶病，一般发生在夏季，应及时选药喷洒防治。

二、榆叶梅

榆叶梅因叶似榆叶而得名，寓意明媚，品种极为丰富，北京地区就有40多个品种，如图7-2所示。

1. 生长习性

榆叶梅对土壤要求不严，环境适应力很强。喜阳

图7-2 榆叶梅

光、耐寒、耐旱，但不耐阴，忌水涝，在肥沃、疏松、排水良好的土壤中生长良好。榆叶梅不仅适宜北方栽培，南方也可栽培。

2. 日常养护

每年春季干燥时要浇 2~3 次水，平时不用浇水，同时要注意雨季排涝。每年 5—6 月份可施追肥 1~2 次，以促植株分化花芽。生长过程中，可在花谢后对花枝进行适度短剪，每一健壮枝上留 3~5 个芽即可。入伏后，再进行一次修剪，并打顶摘心，使养分集中，促使花芽萌发。修剪后可施一次液肥。平时还要及时清除杂草，以利植株健康成长。对盆栽榆叶梅，也要及时进行修剪，控制植株徒长。6 月份开花后，除对枝条作修剪外，还要对枝条进行绑扎，弯曲造型，抑制顶端生长优势。

3. 病虫防治

榆叶梅的病虫害主要有褐斑病、白纹羽病及蚜虫、刺蛾、红蜘蛛、卷叶蛾和舟形毛病等虫害，一般发生在夏秋季节，应及时选药喷洒防治。

三、玉兰

玉兰又名白玉兰，盛开时，花瓣展向四方，外形像莲花，民间有代表报恩的美好传说和寓意，是早春观赏的重要花木之一，如图 7-3 所示。

图 7-4　玉兰

1. 生长习性

玉兰喜光，较耐寒，可露地越冬。爱高燥，忌低湿，栽植地渍水易烂根。喜肥沃、排水良好带微酸性的沙质土，在弱碱性的土壤上也可生长。

2. 日常养护

玉兰花较喜肥，不耐积水，生长期一般施两次肥即可有利于花芽分化和促进生长。一次是在早春时施，再一次是在 5—6 月进行。肥料多用充分腐熟的有机肥。开花时宜保持土壤稍湿润，入秋后应减少浇水。冬季一般不浇水，只在土壤过干时浇一次水即可。平时一般不用修剪，但对徒长枝、枯枝、病虫枝、有碍树形美观的枝条，可在展叶初期剪除。

3. 病虫防治

白玉兰常见病害有炭疽病、叶斑病，虫害有炸蝉、红蜡蚧、吹绵蚧、红蜘蛛、大蓑蛾和天牛等，一旦发现可选用药物喷杀。

四、柿子树

柿子树是北方地区常见果木，一年种，百年收，树龄可达300年。民间事"柿"如意的美好寓意，如图7-4所示。

1. 生长习性

柿子树适合在各种土质、地形上种植和生长。

2. 日常养护

在大年时要施足基肥，早春季节要少追肥或不追肥；7月上旬花芽分化前要适量追施速效氮肥。小年要在柿树萌芽、开花前，及时追施速效氮肥，而花芽分化前，一般不再追肥。

图7-4 柿子树

树冠高大或枝条交叉荫蔽的成年柿子树，要在冬季落叶后进行修剪，剪去密生枝、交叉枝、徒长枝和病枯枝，促使枝条分布合理。

3. 病虫防治

柿子树主要病害有柿角斑病、圆斑病、炭疽病、黑星病、叶枯病和白粉病，虫害有桉蓑蛾、日本草履虫、茶黄毒蛾、卵圆齿爪鳃金龟、红蜡蚧、褐带长卷蛾、小黑刺蛾和柿毛虫等，一旦发现可选用药物喷洒进行预防和灭杀。

五、香椿

我国自古以来就有食用香椿芽的习俗，早在汉代香椿就遍布大江南北了。香椿树也被视长寿之木，寓意吉祥，如图7-5所示。

1. 生长习性

香椿喜光，较耐湿，适宜生长于河边、庭院肥沃湿润的土壤中，以沙质土为好。

2. 日常养护

天气干旱，应及时浇水；每年要中耕松土，5月间翻压入土或施有机肥。

3. 病虫防治

虫害有香椿毛虫、云斑天牛、草履介壳虫等，可用杀螟杆菌等农药防治；病害有叶锈病、白粉病等，可用波尔多液、石硫合剂等药剂防治。

图7-5 香椿

思考题

1. 榆叶梅易发生哪些病虫害，应怎样处理？
2. 柿子树易发生哪些病虫害，应怎样处理？

郑 重 声 明

高等教育出版社依法对本书享有专有出版权。任何未经许可的复制、销售行为均违反《中华人民共和国著作权法》，其行为人将承担相应的民事责任和行政责任，构成犯罪的，将被依法追究刑事责任。为了维护市场秩序，保护读者的合法权益，避免读者误用盗版书造成不良后果，我社将配合行政执法部门和司法机关对违法犯罪的单位和个人给予严厉打击。社会各界人士如发现上述侵权行为，希望及时举报，本社将奖励举报有功人员。

反盗版举报电话：（010）58581897/58581896/58581879
传　　真：（010）82086060
E – mail：dd@hep.com.cn
通信地址：北京市西城区德外大街4号
　　　　　高等教育出版社打击盗版办公室
邮　　编：100120

购书请拨打电话：（010）58581118